Die Erholungsgebiete
im Kanton Zürich

Ein geographischer Beitrag zur Bestimmung
und Auswahl standortgünstiger Räume
für die Naherholung

INAUGURAL-DISSERTATION
zur Erlangung der philosophischen Doktorwürde
vorgelegt der philosophischen Fakultät II
der Universität Zürich

von
HANS-RUDOLF VOLKART
von Zürich

Ausgeführt bei Herrn Prof. Dr. H. Boesch (†)
Herrn Prof. Dr. H. Elsasser

Begutachtet von Herrn Prof. Dr. H. Elsasser
Herrn Prof. Dr. H. Haefner

Juris Druck + Verlag Zürich
1979

ISBN 3 260 04710 7

"Die verspätete Einsicht in öffentlichen wie in akademischen Kreisen,
dass das Studium der kausalen Zusammenhänge zwischen menschlichem Handeln
und landschaftlicher Ausstattung (...)
nützlich und im wahrsten Sinne des
Wortes lebensnotwendig ist, mag die
Geographie unter Umständen aus ihrer
zu lange genossenen 'splendid isola-
tion' herauslösen und dazu beitragen,
ihre Arbeitsfront schärfer als bisher
in Richtung praktischer Probleme zu
orientieren."

(BRUNNSCHWEILER D., 1971, S. 8)

VORWORT

Die vorliegende Arbeit entstand in der Zeit vom Herbst 1976 bis Frühling 1979 unter der Leitung meines verehrten akademischen Lehrers, Herrn Professor Dr. Hans Boesch. Ich bin ihm sehr zu Dank verpflichtet, waren mir doch seine Denkanstösse immer wieder Ansporn zu neuem Ueberdenken einzelner Problemkreise aus meiner Arbeit. Dass mir über meine Anstellungszeit als Assistent hinaus für die Abschlussarbeiten dieser Untersuchung ein Arbeitsplatz am Geographischen Institut zur Verfügung stand, verdanke ich seiner Grosszügigkeit. Herrn Professor Dr. Harold Haefner danke ich für die Uebernahme der Leitung dieser Arbeit nach dem plötzlichen Hinschied von Herrn Prof. Boesch im August 1978.

Es ist mir ein Bedürfnis, an dieser Stelle im besonderen meinen Dank Herrn Prof. Dr. Hans Elsasser für die fachliche Betreuung und die kritische Begutachtung der Arbeit auszusprechen. Sein Interesse, das er dieser Untersuchung entgegenbrachte, war mir stets eine wichtige Hilfe. Im weiteren bin ich Herrn PD Dr. K. Graf, Geographisches Institut der Universität Zürich, für die sorgfältige Durchsicht des Manuskriptes und einige wertvolle Hinweise sehr dankbar.

Eine erste Anregung für die Beschäftigung mit Fragen der Erholung erhielt ich von Herrn Professor Dr. Arnold Niederer im Zusammenhang mit zwei Semesterarbeiten, die ich am Volkskundlichen Seminar der Universität Zürich verfasste ("Zur Naherholung des Stadtzürchers", 1973 und "Determinanten der Freizeitgestaltung", 1974). Die in der Folge am Geographischen Institut der Universität Zürich ausgeführte Diplomarbeit mit dem Thema "Das Angebot für die Freiraumerholung im Grünen im Nahbereich der Stadt Zürich" (1975) kann als Pilotstudie betrachtet werden, indem eine einfache Arbeitsmethode zur Bestimmung der Standortgunst für die Freiraumerholung entwickelt und in der Agglomeration Zürich getestet wurde.

Zu grossem Dank bin ich nun aber dem Amt für Raumplanung des Kantons Zürich (ARP) verpflichtet, wurde mir doch im Rahmen eines Auftrages die Möglichkeit gegeben, die in der Diplomarbeit entwickelte Arbeitsmethode zu einem umfassenden Bewertungsverfahren für die Erholungseignung der Landschaft auszubauen, das hernach direkt in die Planungspraxis Eingang gefunden hat. Die Zusammenarbeit mit den Herren K. Hagmann, P. Birchmaier, J. Jucker und P. Meierhans war immer durch Offenheit und Entgegenkommen geprägt.

Für die Beratung bei Computer-Fragen war mir Herr Dr. Fritz Fasler, Geographisches Institut der Universität Zürich, behilflich. Ebenso war ich auf die Hilfe von Herrn Dr. Guido Dorigo, Geographisches Institut der Universität Zürich, angewiesen. Beiden gilt mein Dank.

Besonderen Dank gebührt Herrn Marcel Fürer für das Reinzeichnen der Graphiken sowie Frau L. Wildi, die die Reinschrift der Arbeit übernahm.

Zum Schluss möchte ich meinen Kolleginnen und Kollegen vom Geographischen Institut der Universität Zürich und allen anderen, mit denen ich im Laufe der Arbeit verschiedene Probleme diskutieren konnte, ebenfalls bestens danken.

Zürich, im April 1979   Hans-Rudolf Volkart

INHALTSVERZEICHNIS

VERZEICHNIS DER ABBILDUNGEN

* Abbildungen im Anhang

VERZEICHNIS DER TABELLEN

VERZEICHNIS DER KARTEN

Karten im Anhang

Eignungskarten der Printerkartierung:

TEIL A

EINFUEHRUNG

1.   PROBLEMSTELLUNG

In der vor- und frühindustriellen Zeit gab es für breite Bevölkerungskreise lediglich Freizeit, die der "Entmüdung" und
allenfalls Entspannung diente. Freizeit, die freie Entfaltung
und Gestaltung ermöglichte, war einer kleinen sozialen Oberschicht vorbehalten. Erst mit der Verkürzung der Arbeitszeit
in der zweiten Hälfte des letzten Jahrhunderts wurde der Er-
holungs- und Freizeitsektor zu einer allgemeinen Grundfunktion
des Daseins und trat raumwirksam in Erscheinung.

Das Wirtschafts- und Bevölkerungswachstum der letzten hundert
Jahre führt zu einem beträchtlichen Wachstum der städtischen
Siedlungsschwerpunkte. Stetige Ueberbauung von Freiflächen
im Nahbereich von Städten war die Folge. Weite Gebiete ver-
städterten. Damit war ein erheblicher Bedeutungszuwachs von
"Erholung" und "Freizeit" verknüpft.

Die Lebensqualität in diesen Ballungsgebieten nahm durch die
Enge der Lebens- und Wohnverhältnisse zusehends ab. Starke
Immissionen an schmutziger Luft und Lärm beeinträchtigten im
weiteren die Erholung der Bewohner in Grossstädten und weckten
in ihnen das Bedürfnis, vermehrt in der Freizeit ruhigere und
sauberere, klimatisch angenehmere und gesündere Räume und
Gegenden aufzusuchen, als sie ihnen z.B. innerstädtische Parks
und Vergnügungszentren zu bieten vermögen. Je enger der Lebensraum für den Menschen in den Ballungsräumen wird, desto mehr
sucht er sich Gebiete auf, wo ihm der Nachbar nicht zu nahe
kommt, wo er sich freier und ungestörter bewegen kann.

Die erhöhte Kaufkraft breiter Massen hat sicher dazu beigetragen, dass die Ausgaben im Erholungssektor stark ansteigen
konnten. Man verfügt über mehr Geld für die Freizeit, mehr
Geld auch für die Anschaffung und den Unterhalt eines Autos
bzw. mehr Geld für längere Ausflüge und Reisen.

Es ist anzunehmen, dass der Mensch zusätzlich um so erholungs-
bedürftiger wird, je hektischer der Arbeitsprozess ist und je
mehr Leistung vom Einzelnen gefordert wird. Durch die Entmi-
schung der Wohn-, Arbeits- und Erholungsbereiche, die sich
aus dem Prozess der Verstädterung regelhaft ableiten lässt,
wird dem Menschen in grösseren Städten ein "Verkehren" über
immer weitere Distanzen und in immer kürzeren Abständen auf-
gezwungen. So lässt auch dieser Umstand das gesteigerte Bedürfnis nach Erholung ausserhalb der Stadt durchaus begreif-
lich werden.

Der Besuch von Erholungsgebieten in der Freizeit scheint eine
typische Verhaltensform des Städters zu sein. Es besteht eine
Abhängigkeit zwischen der Grösse des Wohnortes und der Absicht,
sich anderenorts zu erholen.

Die wirtschaftliche und gesellschaftliche Entwicklung in der
Zeit der Industrialisierung, insbesondere aber in den Nachkriegs-
jahren, brachte eine deutliche Verlagerung des Lebenssinns des
modernen Menschen in die Freizeit. Die Art der Nutzung der
Freizeit erhielt ein bisher noch nie beobachtetes Mass an
Prestige. CZINKI (1) stellt dazu zwei Theorien auf, die einen
besonderen Einfluss auf die künftige Freizeitnutzung haben
werden:

> "1. Die tägliche Arbeit vermag den Sinn des Lebens, der
>   in der Vergangenheit vielfach in dem erschaffenen Werk
>   gesehen wurde, nicht mehr herzugeben. Deshalb muss an-
>   genommen werden, dass ein neuer Lebenssinn in der Frei-
>   zeit gesucht wird (...).
>
> 2. Im Zuge der Verstärkung des Freizeitbewusstseins ist
>   seit einigen Jahren der Trend vom einmaligen Gross-
>   ausflug im Urlaub zur periodischen Freizeitnutzung,
>   also der Drang nach dem permanenten Wohlgefühl zu
>   beobachten."

---

(1) CZINKI L., 1969, S. 265.

So lässt sich der Schluss ziehen, dass man in Planung und Politik vermehrt den kurzfristigen Erholungsformen und Freizeitaktivitäten Beachtung schenken muss. Die Lösung des Freizeit- und Erholungsproblems ist weniger an der Riviera, als vielmehr in den Städten bzw. in deren naher Umgebung zu suchen.

Erholung und Freizeit wurden und sind raumplanerische Grössen. FISCHER (1) formuliert diesen Sachverhalt folgendermassen: "Mit fortschreitender Bevölkerungsverdichtung und zunehmender leistungsorientierter Spezialisierung der Erwerbstätigkeit steigt das Bedürfnis nach Erholung und 'kompensatorischen' Freizeitaktivitäten. Infolge des wachsenden Wohlstandes und der Arbeitszeitverkürzung verfügen immer mehr Menschen über mehr Zeit und Geld für die Freizeitgestaltung und Erholung. Durch diese Raumbeanspruchung gewinnt die am Wochenende oder nach Arbeitsschluss erwünschte Naherholung in der Nähe der Wohnstätten zunehmend an Bedeutung. Siedlungspolitisch bedeutet dies, dass in zumutbarer Entfernung der Wohnstätten ausreichende Flächen und Einrichtungen für die Naherholung geschaffen bzw. freigehalten werden müssen."

Damit rückt das Problem, in welcher Art und mit welchen Mitteln sich Erholungsgebiete bestimmen und ausscheiden lassen, in das Zentrum der Betrachtung. SCHEMEL (2) äussert sich zu dieser im gesamtgesellschaftlichen Interesse stehenden Aufgabe, die sich aus der heute sehr aktuellen Problematik der Erholung im Nahbereich der Verdichtungsräume ergibt, folgendermassen: "Eine Chance, die teils notwendigen und oft unerfreulichen Nebenwirkungen der zunehmenden Verstädterung durch die Zuordnung eines gleichsam komplementären Freiraumes auszugleichen, der zwar nicht Rendite abwirft, aber die lebenswichtige Funktion 'Freizeit und Erholung' erfüllt, bietet sich in der Ausscheidung von Erholungsräumen zugunsten einer allseitig 'befriedigenden' Raumordnung."

---

(1) FISCHER G., 1973, S. 257.
(2) SCHEMEL H.-J., 1974, Einführung.

Ueber lange Zeit standen in der geographischen Forschung bei
der Behandlung der Stadt-Umland-Beziehungen Themen wie Zen-
tralität und das Arbeitspendlerwesen im Vordergrund des Interesses. Ein wichtiger Aspekt der Wechselbeziehungen zwischen
Stadt und Land ist dabei häufig nicht berücksichtigt worden:
dass das Umland für die Stadt bzw. die städtische Bevölkerung
auch eine Aufgabe als Erholungsraum hat. MAIER (1) bemerkt
treffend, dass "im Rahmen der gesellschaftlichen Entwicklung
die Erholungsfunktion gleichberechtigt neben die anderen
Grundfunktionen menschlicher Daseinsäusserung getreten ist.
Der 'Freizeitplatz' wurde zum Ergänzungsraum der Funktionsfelder 'Arbeitsplatz' und 'Wohnplatz'. Die wachsende Bedeutung von Freizeit und Erholung als allgemeines Bedürfnis
unserer Gesellschaft und damit verbundene grosse Raumansprüche machen eine Einordnung in raumordnerische bzw. raumplanerische Ueberlegungen notwendig. Insbesondere bei der Entwicklung neuer Erholungsgebiete tritt dieser Aspekt einer
Planung als vorausschauende Daseinsvorsorge deutlich hervor."
Die Bewertung der Landschaft bzw. der verschiedenen Faktoren
der Erholungseignung eines Gebietes stellt somit eine der
Grundlagen für die Raumplanung dar.

Die wachsende Bedeutung der Daseinsgrundfunktion "Sich Erholen" führt zu drei Feststellungen:

1. die Raumansprüche dieser Funktion erhöhen sich,
2. Raumplanung als Instrument einer allgemein anerkannten
   Raumordnungspolitik ist notwendig, und
3. es sind Grundlagen zur Erholungseignung der Landschaft
   zu erarbeiten, die als Entscheidungshilfe bei der Bestimmung potentieller Erholungsgebiete dienen sollen.

"In der Tat wird eine wachsende Freizeit- und Wohlstands-
gesellschaft gerade am Rande der grossen Ballungszentren mehr
Raum für Erholungs- und Freizeitzwecke benötigen" (2). Diese

----

(1) MAIER J., 1972, S. 9.
(2) TROESCHER T., 1971, S. 5.

Arbeit soll einen Beitrag leisten zur Bestimmung solcher Flächen für die Erholungsfunktion, Flächen, die sich auch bei
der Gestaltung der Richtpläne im Sinne einer allseitig anerkannten Raumordnung neben anderen Flächennutzungen sinnvoll
in die räumliche Umwelt einfügen lassen.

"Erholung" ist zu einer Grundfunktion menschlichen Daseins,
insbesondere in städtischen Verdichtungsräumen, geworden
und damit neben andere raumplanerische Grössen getreten.
Um dem Anspruch einer allseitig befriedigenden Raumordnung
zu genügen, stellt sich die Frage, in welcher Art und mit
welchen Mitteln Naherholungsgebiete im System der verschiedenen raumbeanspruchenden Nutzungen auszuscheiden sind.

2.   DIE EINORDNUNG DER ARBEIT IN DEN WIRTSCHAFTS- UND
        SOZIALGEOGRAPHISCHEN FORSCHUNGSBEREICH

Angesichts der Diskussionen über inhaltliche und terminologi-
sche Abgrenzungen und Definitionen im Bereich freizeitbezogener Fragestellungen innerhalb der geographischen Wissenschaft
ist es notwendig, den Standort der vorliegenden Arbeit kurz
zu umreissen.

Zunächst muss festgehalten werden, dass diese Untersuchung
keinesfalls zu den fremdenverkehrsgeographischen Arbeiten
eingereiht werden darf. Zumeist handelt es sich bei solchen
Arbeiten um Analysen des mittel- und langfristigen Fremdenverkehrs (Ferienerholung), wobei nur wirtschaftliche Aspekte
oder eine rein physiognomisch ausgerichtete Betrachtung der
Kulturlandschaft wichtig sind (1), während sich diese Arbeit
mit dem Problemkreis der sogenannten "Naherholung" befasst,
somit einen komplexen Landschaftsausschnitt (Nahbereich städtischer Verdichtung) betrifft und entsprechend einer umfassenden
Betrachtung bedarf.

Die Problematik der disziplinären Zuordnung freizeitbezogener
Untersuchungen gab der "Münchner Schule" Anlass, eine "Geographie des Freizeitverhaltens" zu entwickeln (2). Diese Konzeption geht davon aus, dass die Analyse des Raumes auch unter
dem Aspekt der Daseinsgrundfunktion "Sich Erholen" (3) betrachtet werden muss, was als Ansatz grundsätzlich richtig ist, aber
leicht zu sprachlichen Missverständnissen führen kann.

---

(1) Diese Arbeiten stützen sich meist auf das Werk von POSER
    (1939) ab, in dem Fremdenverkehr definiert wird als "die
    lokale oder gebietliche Häufung von Fremden mit einem je-
    weils vorübergehenden Aufenthalt, der die Summe von Wechsel-
    wirkungen zwischen den Fremden einerseits und der ortsansäs-
    sigen Bevölkerung, dem Ort und der Landschaft andererseits
    zum Inhalt hat" (S. 170).

(2) Nach RUPPERT K., 1975.

(3) Vgl. dazu: Abb. 1 sowie MAIER J., 1972, S. 9.

Abb. 1: Schema der Daseinsgrundfunktionen (nach PARTZSCH D.,
          1970, S. 424 f.)

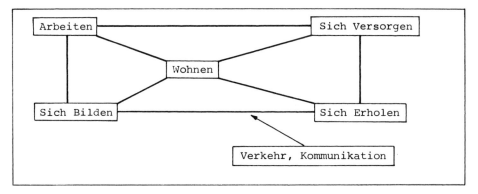

Nicht die Analyse des Verhaltens ist Ziel geographischen Arbeitens im Erholungs- und Freizeitbereich, sondern die durch
das Verhalten ausgelösten raumrelevanten Prozesse. Auch scheint
es wenig sinnvoll, in Anlehnung an den englischen oder franzö-
sischen Sprachgebrauch von "Geographie der Freizeit" zu spre-
chen. Wissenschaftstheoretisch lassen sich nur mit Mühe einzelne
Geographien isolieren (1) und als solche bearbeiten. Die gegen-
seitigen Verflechtungen und Abhängigkeiten sind zu gross. Vielmehr aber kann eine Untersuchung dann als geographisch bezeichnet   werden, wenn sie sich mit der räumlichen Ordnung einzelner Phänomene der Erdoberfläche befasst und ihre Standorte, ihr
Beziehungsgefüge und ihre Veränderungen zu erklären versucht.
BARTELS präzisiert: "In zunehmendem Masse bedrängen uns Probleme der räumlichen Gestaltung und Ordnung des gesellschaftlichen Geschehens. Grundfragen der Stadt-, Regional- und Landesplanung bedingen eine Erweiterung der Wirtschafts- und Sozialgeographie um dimensionale Gesichtspunkte der Erdoberfläche,
der Gliederung und Verknüpfung ihrer Teilräume und Standorte"
(2). An anderer Stelle fügt derselbe Autor an, dass eine der

---

(1) Nach HARD G., 1973.
(2) BARTELS D., 1970, S. 11.

bisher klarsten Definitionen der Wirtschafts- und Sozialgeographie von HARTKE (1) stammt:

"Die moderne Geographie befasst sich mit den räumlichen Konsequenzen menschlicher Verhaltensweisen, Lebensansprüchen und Lebenserwartungen. Sie ist somit keine 'reine' Sozialwissenschaft, die in der Regel vom Raum abstrahiert, aber auch keine Geowissenschaft, die den Raum ausschliesslich in seinen physischen Aspekten betrachtet. Die moderne Geographie untersucht vielmehr die auf das raumgebundene Objekt bezogenen Wertvorstellungen der Menschen.

Das setzt auf der einen Seite die Kenntnis der Lebensweisen und Lebenserwartungen und der sich daraus ableitenden Ansprüche der Menschen an den Raum voraus. Auf der anderen Seite gilt es, bestehende Raumstrukturen, Grundstücke, Gebäude, Wohnungen, Arbeitsstätten, Siedlungskomplexe, Verkehrseinrichtungen, Wirtschaftsflächen usw. in ihren Eigenschaften zu erfassen und den im Moment wirksamen Ansprüchen der verschiedenen Sozialgruppen gegenüberzustellen. Aus der Beharrungstendenz der einmal in der Raumstruktur festgelegten Investitionen und den sich verändernden Ansprüchen der Gesellschaft an ihren Lebensraum ergibt sich Art und Geschwindigkeit räumlicher Veränderungsvorgänge. Nach den Regelhaftigkeiten dieses Wandels zu suchen, ist die Aufgabe der Geographie (...)."

Während MC NEE die besonders engen Beziehungen der Wirtschaftswissenschaft und der Wirtschaftsgeographie aufzeigt (2) und HARTKE mit obiger Definition der "modernen Geographie" die Aufgabe der Wirtschafts- und Sozialgeographie skizziert (und damit eine klare Zuordnung des Fragenkreises "Erholung" zu diesem Fach ermöglicht), so ist für diese Arbeit zusätzlich die Nähe zur überdisziplinären wirtschafts- und sozialwissenschaftlichen Regionalforschung (englisch: regional science) zu erwähnen (3).

---

(1) HARTKE W., 1967, S. 1/2, zit. in: BARTELS D., 1970, S. 403.

(2) MC NEE R., 1970, S. 405.

(3) ISARD W. und REINER TH.A. (1970, S. 453) betonen, dass sich das "Interesse der Regionalforschung auf die Lokalisationsaspekte menschlicher Aktivitäten unter Berücksichtigung ihrer institutionellen Struktur und Funktion sowie auf die Bedeutung dieser Gesichtspunkte für das Verständnis sozia-
./.

Für die Wirtschafts- und Sozialgeographie sind Standortfragen
von besonderem Interesse, da der Mensch in erheblichem Masse
seinen Lebensraum durch die Wahl von Standorten gestaltet.

Menschliches Verhalten im Raum kann sich nun aber unter den
verschiedenen Aspekten der einzelnen Daseinsgrundfunktionen
entfalten, so dass sich mit RUPPERT und SCHAFFER sagen lässt:
"Alle Daseinsgrundfunktionen besitzen spezifische Flächen-
und Raumansprüche sowie 'verortete' Einrichtungen, deren regional differenzierte 'Muster' die Geographie zu registrieren
und wissenschaftlich zu erklären hat" (1).

Diese Betrachtungsrichtung der Analyse des Raumes unter dem
Aspekt einer Daseinsgrundfunktion dient dieser Untersuchung
als Ansatz, wobei letztlich entscheidend ist, ob dieses Arbeiten auf die Praxis ausgerichtet ist.

Praxisorientiert heisst, vereinfacht ausgedrückt, als Idee des
Arbeitens das Wohlergehen des Menschen im Auge zu haben oder,
mit den Worten von HARTKE (2), die "räumliche Daseinsvorsorge
für die kommende Generation zu treffen", womit der für diese
Arbeit gewählte Ansatz ideell in die Nachbarschaft zum sogenannten "welfare approach" von SMITH (3) rückt. Aus der Kenntnis

---

(3) Fortsetzung: len Verhaltens und sozialer Formen konzen-
    triert. Zu den Lokalisationsmomenten gehören nicht nur die
    räumlichen Beziehungen zwischen Menschen und ihrer Aktivi-
    täten untereinander, sondern auch diejenigen zur natürli-
    chen oder vom Menschen umgewandelten äusseren Umwelt."
    BARTELS (1970, S. 404) stellt fest, dass sich die Wirtschafts-
    und Sozialgeographie - nach einigen Modifikationen, vor al-
    lem durch stärkere Beachtung der ausserökonomischen Zusam-
    menhänge - mit dem von ISARD und REINER skizzierten Gegen-
    wartsstand und Programm der Regionalforschung identifizieren
    könnte.

(1) RUPPERT K. und SCHAFFER F., 1969 (a), S. 209.

(2) HARTKE W., 1970, S. 403.

(3) SMITH D., 1977, definiert "human geography" in seinem grund-
    legenden Werk als "a study of who gets what where, and how"
    (S. 7) und meint: "For human geography to be relevant to

./.

der Lebensweisen und den daraus abzuleitenden Ansprüchen des
Menschen an den Raum Standorte zu erklären und zu bestimmen,
ist Aufgabe einer praxisorientierten Wirtschafts- und Sozialgeographie.

Somit kann der Ansatz dieser Arbeit folgendermassen umrissen
werden:

"Erholung" stellt eine Grundfunktion der modernen Gesellschaft dar, und sie besitzt spezifische Standortanforderungen, die von den Bedürfnissen der Bevölkerung abhängig
sind. Die Ansprüche an den Raum sind einem Wandel unterwor-
fen, und entsprechend ändert sich die Nutzung der Kulturlandschaft. Nach RUPPERT (1) zeigt gerade die jüngste, post-
industrielle Phase deutlich einen "Wandel der Lebensge-
wohnheiten", deren Kenntnis zur Beurteilung der Wirkkräfte
in der Kulturlandschaft aber für den Geographen und den
Regionalplaner von grosser Bedeutung ist. Durch die Ausrichtung der Arbeit auf die Praxis sind im besonderen
mögliche Alternativen zur bestehenden Raumordnung anzu-
streben, die "allseitig" befriedigen, womit die Perspek-
tive der Wohlfahrt durch eine raumordnungspolitische Kom-
ponente ergänzt wird.

---

(3) Fortsetzung: the needs of a society, whatever its form,
it must focus directly on the type of problem faced by
people in their everyday lives. The quantitative revolution
and its aftermath gave something of the intellectual rigour
essential for the tough analysis required in any public
policy context. The relevance revolution directed atten-
tion back to real human problems. To bring together the
diverse threads of two decades of development in human
geography as a social science truly relevant to this day
and age needs an integrating theme. The concept of welfare
provides such a theme" (S. 5/6).

(1) RUPPERT K., 1971 (c), S. 55.

3.   UEBERBLICK ZUR ARBEIT

Unter Berücksichtigung des oben skizzierten Standortes dieser
Arbeit sieht der Aufbau folgendermassen aus:

1. Theoretischer Teil (Teil B)
2. Empirischer Teil (Teil C)
3. Raumordnungspolitischer Teil (Teil D)

Der theoretische Teil gilt den für diese Arbeit relevanten
Aspekten der Daseinsgrundfunktion "Sich Erholen". Im wesentlichen werden - nach der Besprechung der bestehenden Raumstrukturen in der heutigen Kulturlandschaft - Wünsche und
Bedürfnisse der Erholungssuchenden sowie ihr Verhalten in
der Landschaft abgeklärt. Anschliessend wird die Raumplanung
als Instrument der Raumordnungspolitik vorgestellt, um hernach ein Bewertungsmodell zu entwickeln, das einen Beitrag
zur Mehrung der Wohlfahrtsfunktion der Raumplanung leisten
soll (räumliche Daseinsvorsorge).

Im empirischen Teil wird am Beispiel eines Landschaftsaus-
schnittes des Zürcher Oberlandes die Anwendung des Bewertungsverfahrens erläutert. Dabei werden die für die Methode ERPLAN
ausgewählten erholungswirksamen Faktoren und ihre kartographische Erfassung besprochen, auf deren Basis die Quantifizierung erfolgt. Ziel dieser Quantifizierung ist die Bestimmung
von Standorten und Teilräumen, die sich für die Erholungsnutzung eignen.

Der raumordnungspolitische Teil diskutiert die Stellung der
Methode ERPLAN in der kantonalzürcherischen Richtplanung. So
kommt gemäss dem Planungs- und Baugesetz für den Kanton Zürich,
was diese Arbeit betrifft, der Ausscheidung von "Landwirtschaftsgebieten mit erhöhter Erholungsattraktivität" und von "Erholungsgebieten" eine zentrale Bedeutung zu.

T E I L   B

(Theoretischer Teil)

DIE DASEINSGRUNDFUNKTION "SICH ERHOLEN"
UND IHRE RAEUMLICHEN AUSWIRKUNGEN

1. DIE DASEINSGRUNDFUNKTION "SICH ERHOLEN" IM NAHBEREICH STAEDTISCHER VERDICHTUNG

1.1. Begriffe

1.1.1. "Erholung" und "Freizeit"

"Sich Erholen" ist "Erholung" gleichzusetzen. Der Begriff Erholung ist dabei jenem der Freizeit unterzuordnen, die Erholung kann Teil der Freizeitnutzung darstellen (1). Unter Freizeit soll jene Zeit verstanden werden, die frei von Berufsarbeit ist. Sie würde damit jene Aktivitäten umfassen, die der Mensch "aus eigenem Ermessen" (2), seinen Wünschen, Neigungen und Bedürfnissen folgend, ausübt (3).

Die Freizeit kann in drei Bereiche gegliedert werden (4):

1. Regenerationsfreizeit
2. Bildungsfreizeit
3. eigentliche Freizeit.

---

(1) Auch RIEPER P. (1974) bezeichnet Erholung als eine von vielen Funktionen der Freizeit, wobei Erholung einerseits als Prozess der Regeneration und andererseits als Ergebnis der regenerativen Phase angesehen wird.

(2) WEBER E., 1963, S. 11.

(3) Die sogenannten "semi-loisirs" (DUMAZEDIER J., 1972, S. 31) dürfen nicht zur Freizeit gezählt werden, da es sich dabei um zweckgebundene Zeit handelt. Dazu gehören namentlich Verpflegung, Körperpflege und Einkaufen, die eigentlichen Verpflichtungscharakter haben. Allerdings ist es schwierig, genaue Grenzen zu definieren, sie sind fliessend und haben individuelles Gepräge. Als weiteres kann der Arbeitsweg nicht zur Freizeit gerechnet werden, obschon dies in Veröffentlichungen immer wieder geschieht (z.B. HOFFMANN H., 1972, S. 328). Der Arbeitsweg, der heute zum Teil ein beträchtliches Ausmass annehmen kann, ist zu eng mit der Arbeit verknüpft.

(4) Nach FRANKE M., 1973.

Die Regenerationsfreizeit soll für den Abbau von nervlichen
Belastungen genutzt werden (Entspannung). Mit Bildungsfreizeit
meint der Autor in erster Linie Weiterbildung. Ebenso gehören
dazu kulturelle Aktivitäten. Die eigentliche Freizeit würde
schliesslich die verhaltensbeliebige Zeit betreffen, die als
Ausgleich zur Berufsarbeit der freien Selbstentfaltung dient.
Diese drei Aspekte der Freizeit sind aber oft nicht scharf
trennbar. Sie können auch ineinanderlaufen.

Abb. 2: Abgrenzung der Bereiche Arbeit und freie Zeit

Bereich	ARBEIT	FREIE ZEIT	
Zuordnung der Begriffe	Berufsarbeit	Arbeitsweg Semi-Loisir	F r e i z e i t
Merkmale	Konstanz Planmässigkeit Aufgabe, Pflicht	Verpflichtung	Regeneration Bildung freie Entfaltung

Während in der soziologischen und pädagogischen Literatur
mehr der Ausdruck Freizeit verwendet wird, findet man in
raumplanerischen Schriften vor allem den Begriff Erholung.

Zusammenfassend lässt sich für die weitere Verwendung der
beiden Begriffe "Erholung" und "Freizeit" festhalten:

Freizeit: nicht arbeitsgebundene, verhaltensbeliebige
Zeit (ohne Arbeitsweg und "semi-loisirs").

Erholung: in gebauter Umgebung oder in der freien Landschaft verbrachte Freizeit, die der physischen
und psychischen Regeneration und der geistigen
Selbstentfaltung dient.

1.1.2.   Das "Erholungsgebiet"

Die Nutzung der Freizeit kann in gebauter Umgebung (Wohnung, Wohnungsnähe) oder in der freien Landschaft (Freiraum) stattfinden. Der Freiraum ist somit ein Teil des Lebensraumes. Er umfasst das unüberbaute Gebiet der vom Menschen genutzten Räume. Mit "unüberbaut" ist generell das "Nicht-Siedlungsgebiet" gemeint.

Diese Freiräume lassen folgende Nutzung zu, die sich zum Teil auch überlagern können:

. Landwirtschaft   . Naturschutz

. Forstwirtschaft   . Erholung

. Wasserwirtschaft

Wenn ein Freiraum der Erholung dient bzw. vom Erholungssuchenden genutzt wird, kann er als Erholungsraum oder Erholungsgebiet bezeichnet werden.

Nach WINKLER (1) können diese verschiedenen Nutzungsarten in drei Gruppen gegliedert werden:

1. Erholung im Grünen: Wandern, Spazieren, Reiten, Ruhen,
                        Turnen, Spielen, Picknicken
2. Erholung am Wasser: Baden, Liegen, Angeln, Rudern,
                        Segeln, Wasserskifahren
3. Erholung im Schnee: Skifahren, Skiwandern, Langlauf,
                        Schlitteln, Skispringen, Eislaufen

Es muss hier auf einen wichtigen Aspekt im Zusammenhang mit der Nutzung der Freiräume hingewiesen werden. Ein bestimmtes Gebiet kann von der Landwirtschaft und der Erholung genutzt werden. Es kommt somit zu Nutzungsüberlagerungen. Dies trifft im Freiraum sogar in den allermeisten Fällen zu (2). Ein Er-

---

(1) WINKLER E. u.a., 1974, S. 63.

(2) Eine ausschliesslich der Erholung dienende Nutzung finden wir lediglich repräsentiert durch die intensiv genutzten Erholungseinrichtungen wie Spazierwege, Finnenbahn, Vita-Parcours u.ä.

Abb. 3: Schema Freiraum - Erholungsraum

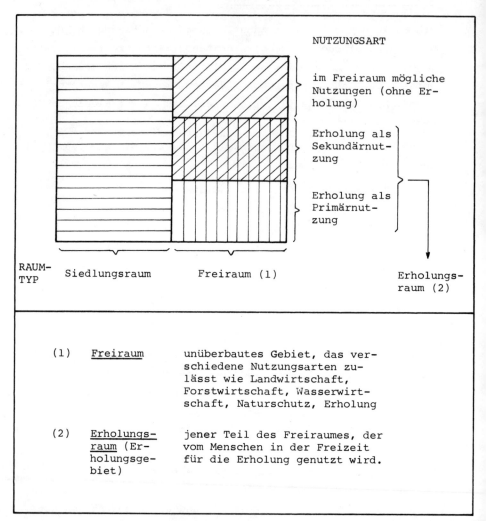

(1) <u>Freiraum</u>   unüberbautes Gebiet, das ver-
                    schiedene Nutzungsarten zu-
                    lässt wie Landwirtschaft,
                    Forstwirtschaft, Wasserwirt-
                    schaft, Naturschutz, Erholung

(2) <u>Erholungs-</u>   jener Teil des Freiraumes, der
     <u>raum</u> (Er-   vom Menschen in der Freizeit
     holungsge-   für die Erholung genutzt wird.
     biet)

holungsraum dient in den wenigsten Fällen ausschliesslich der
Erholung. Damit kommt es nicht nur zu Nutzungsüberlagerungen,
sondern oft auch zu Nutzungskonflikten (1). Zu den Erholungsräumen gehören alle jene Landwirtschafts-, Forstwirtschafts-
und Naturschutzgebiete, die von den Erholungssuchenden besucht werden können. Diese Gebiete treten zudem noch visuell
in Erscheinung, indem sie vom Wanderer als angenehme Kulisse
empfunden werden. Jene Erholungsformen, die ein Gebiet intensiv beanspruchen, zeichnen sich durch lineare Elemente
im Raum aus, extensive Formen hingegen mehr durch flächenhafte (2).

1.1.3. Die "Naherholung"

Stadtbewohner haben als Folge der Verstädterung ein stärke-
res Bedürfnis nach Erholung in der Landschaft als Bewohner
von Siedlungen mit ländlichem Charakter. Somit erhält das
Umland einer Stadt eine erhebliche Bedeutung als potentieller
Erholungsraum, insbesondere wenn bekannt ist, dass durchschnitt-
lich bis 70 % der Stadtbewohner, die ihre Wohnung zur Nutzung
der Freizeit im weitesten Sinne verlassen, lediglich Objekte

(1) Einen guten Einblick in diese Problematik gibt die Diplomarbeit von FUERRER (1975). In der Sondernummer "Landschafts-
planung" des INSTITUTS FUER ORTS-, REGIONAL- UND LANDES-
PLANUNG, ETH ZUERICH (1970) wird zu dieser Konfliktsituation
bemerkt, dass zwischen "absoluten" und "strukturellen" Nutzungskonflikten unterschieden werden kann (S. 19). Absolute
Flächenkonflikte müssen in jedem Fall gelöst werden. Wenn
sich z.b. ein Gebiet ausschliesslich für die Erholung oder
für den Naturschutz eignet, muss planerisch eindeutig fest-
gelegt werden, wo welche Nutzung Vorrang hat. Strukturelle
Konflikte treten dann auf (z.B. Landwirtschaft und Erholung
- gleiche Eignung vorausgesetzt), wenn zwei Nutzungsformen
sich nicht ausschliessen bzw. sich überlagern können. Jedoch
müssen auch in diesem Fall, etwa durch gezielte Planung von
Erholungseinrichtungen, Konflikte vermieden werden. Vgl.
dazu auch: Teil B, Kap. 2.3.

(2) Diese Zusammenhänge um Intensität der Erholungsform sind
u.a. im Artikel von BUECHI W. (1975, S. 65) abgehandelt
worden. Vgl. dazu auch Teil B, Kap. 1.3.2.

und Gebiete im sogenannten Nahbereich besuchen (1).

Im raumplanerischen Arbeiten hat sich dafür der Begriff "Naherholung" eingebürgert. Allerdings sind dabei nicht nur alle Freizeitaktivitäten in der freien Landschaft gemeint, auch Formen der Erholung in gebauter Umgebung in diesem Nahbereich (z.B. Gaststättenbesuch, Sportarten in der Halle) werden in diesen Begriff miteingeschlossen. Was heisst nun aber "nah"?

Wenn HAFNER (2) Erholung in "Tages-, Wochenend- und Ferienerholung" gliedert, so erhalten wir bereits für den Begriff "nah" eine erste Einschränkung. Die Ferienerholung fällt für den Nahbereich weg. Es bleibt Tages- und Wochenenderholung. Dies deckt sich mit der Definition von RUPPERT und MAIER (3), die der Naherholung folgenden zeitlichen Rahmen geben:

    Naherholung   - stundenweise
                   - Halb- und Ganztage
                   - Wochenende

Dieser Zeitaspekt korreliert eng mit dem Raumaspekt. FREITAG (4) bezeichnet eine Zone von 20 bis 30 km um die Stadt als intensiv von Erholungssuchenden genutzten Raum. Seine Untersuchungen zeigten, dass bei 50 km ein Schwellenwert erreicht wird, bei dem die Besucherintensität stark abfällt. Zudem konnte FREITAG am Beispiel der Stadt Paris feststellen, dass 83 % der Tagesausflüge einen Bereich von 90 km nicht überschreiten. WEHNER (5) seinerseits nennt den potentiellen Naherholungsbereich durch eine 60-Minuten-Isochrone begrenzt (im öffentlichen Verkehr).

---

(1) Vgl. dazu: Tab. 2.
(2) HAFNER R., 1972, S. 28.
(3) RUPPERT K. und MAIER J., 1970 (b), S. 56.
(4) FREITAG R., 1970, S. 82.
(5) WEHNER W., 1972, S. 234.

Die Abhängigkeit von Zeit und Besucherintensität hat VON
SCHILLING mit einer Distanzempfindlichkeitskurve festgehalten
(1). Beinahe vier Fünftel der Erholungssuchenden brauchen bis
60 Minuten, um in ein Erholungsgebiet zu gelangen. Somit kann
gesagt werden, dass nähere Räume stärker frequentiert sind.

Abb. 4: Distanzempfindlichkeit der Erholungsnachfrage

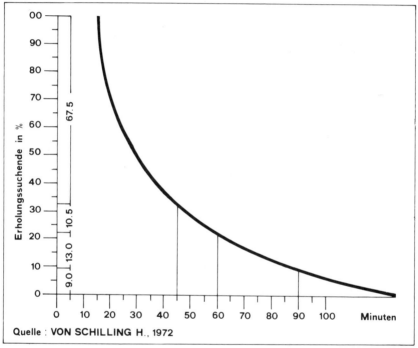

Quelle : VON SCHILLING H., 1972

Naherholung bezeichnet somit alle möglichen Freizeitaktivitäten, die der Erholung dienen und in einem Bereich ausgeübt werden, der vom Wohnort aus in höchstens einer Stunde

(1) VON SCHILLING H., 1972, S. 129; vgl. dazu: Abb. 4.

erreicht werden kann. Der Erholungssuchende hält sich in diesem Gebiet stundenweise, während eines Tages oder eines Wochenendes auf (1).

1.2. Determinanten des Freizeitverhaltens

Als Bestimmungsgrössen der Erholungsbedürfnisse bzw. der entsprechenden Freizeitnutzungen gelten namentlich:

1. soziale Faktoren
2. zur Verfügung stehende Freizeit
3. die Kaufkraft des Einzelnen
4. der Grad der Verstädterung
5. Eignung und Attraktivität eines Erholungsgebietes

1.2.1. Soziale Faktoren als Bestimmungsgrösse

Als eine Ursache zur heutigen Freizeitgestaltung kann ein Bündel von sozialen Merkmalen angesehen werden (Alter, Zivilstand, Geschlecht, Bildung und Beruf, Einstellung zum Leben). Die Bedürfnisse des Menschen sind je nach Merkmal sehr unterschiedlich. Diese Bestimmungsgrössen verursachen demnach ein <u>ausgesprochen vielfältiges Bild des Erholungsverhaltens</u>.

An dieser Stelle muss weniger auf die im Hintergrund gewisser Freizeitbeschäftigungen liegenden psychologischen und soziologischen Strukturen eingegangen werden (2), als vielmehr auf die häufig gewählten Freizeitaktivitäten geachtet werden. Diese

---

(1) Für die kleinräumigen Verhältnisse in der Schweiz muss an dieser Stelle allerdings auf die Tatsache hingewiesen werden, dass sich Naherholungsgebiete mit Fremdenverkehrsgebieten überlappen können. Das gilt beispielsweise für die Region Einsiedeln/Iberg, die sowohl vom Naherholungssuchenden von Zürich wie auch von Ferientouristen besucht wird.

(2) Vgl. dazu: SCHOTTMAYER G. (1974) und VOLKART H.R. (1974).

Freizeitaktivitäten werden später ausführlich vorgestellt.

1.2.2. Die Freizeit als Bestimmungsgrösse

Ein besonderes Phänomen, das geradezu als die Voraussetzung
zur Ausdehnung des Erholungs- und Freizeitsektors angesehen
werden darf, stellt die Zunahme der arbeitsfreien Zeit dar.
Dies betrifft nicht nur die arbeitsfreie Zeit während, sondern
ebensosehr jene vor und nach dem Berufsleben. Die Arbeit ist
nicht mehr eigentlicher "Lebensinhalt, sondern eine Daseins-
bestimmung unter anderen" (1).

Abb. 5: Verhältnis Freizeit - Arbeitszeit (2)

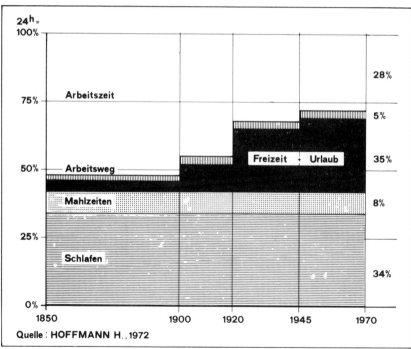

(1) LUTZ B., 1969, S. 249.
(2) Nach HOFFMANN H., 1972, S. 328.

Innerhalb der letzten hundert Jahre ist der Anteil der Freizeit auf das Vierfache angestiegen (1). Heute stehen 35 % Freizeit 28 % Arbeit gegenüber (1850: Verhältnis 9 % zu 52 %).

1.2.3. Die Kaufkraft der Bevölkerung als Bestimmungsgrösse

Durch die erhöhte Kaufkraft breiter Massen besitzt der Einzelne mehr Geld für die Freizeit, mehr Geld für Ausflüge und
Reisen und vor allem mehr Geld für die Anschaffung und den
Unterhalt eines Autos. Der Privatwagen kann geradezu zum aus-
lösenden Faktor für die Befriedigung des Erholungsbedürfnisses
werden, indem die erhöhte Mobilität noch vermehrt die Möglichkeit schafft, Erholungsgebiete aufzusuchen. Allerdings wurde
der Wochenend- und Ausflugsverkehr zu einem ausgesprochenen
Massenphänomen (2), so dass der Privatverkehr andererseits
zur (Ueber-)Belastung stadtnaher Erholungsgebiete beiträgt
und eine Attraktivitätsverminderung bestimmter Räume verursachen kann.

1.2.4. Die Verstädterung als Bestimmungsgrösse

Da unsere Städte, mit den Worten eines Soziologen ausgedrückt,
"Stätten der Arbeit, des Zwanges und der Disziplinierung" sind,
bleibt kaum "Raum für irgendetwas, was man als Freizeitkultur
bezeichnen könnte"(3). Weil parallel dazu die Lebensqualität
in den Städten noch weiter sinken wird (sofern es der Stadt-
planung nicht gelingt, einschneidende Verbesserungen der Wohn-
attraktivität zu erreichen), erhalten die Nahbereiche für die
einzelnen Daseinsgrundfunktionen und ihren Flächenbedarf grösste Wichtigkeit. "Wir gehen sicherlich nicht fehl in der Annahme,

---

(1) Nach HOFFMANN H., 1972, S. 328.
(2) KRIPPENDORF J. (1975, S. 32) verwendet dafür auch den ein-
drücklichen Begriff "anrollende Stadt".
(3) LUTZ B., 1969, S. 251.

dass die Verdichtung von Menschen und Arbeitskraft eine der
tragenden Prinzipien unserer modernen Gesellschaft auch in
Zukunft sein wird" (1). So ist mit der andauernden Verstädterung
auch mit steigenden Beteiligungsintensitäten an der Naherholung
zu rechnen.

Als Zeichen urbaner Innovationen kann im weiteren die wachsende Umfunktionierung von agrar- und forstwirtschaftlichen
Flächen in Bauzonen angesehen werden, was zu einem stetig
wachsenden Verlust an Freiflächen insbesondere im Umland von
Städten führt (typische Erscheinung im Prozess der Agglome-
rationsbildung). Alte Erholungsgebiete werden überbaut und
führen zu einem weiteren Verlust an Lebens- und Erholungsqualität. Das Erholungsbedürfnis der Bewohner vergrössert
sich.

1.2.5. Die Eignung und Attraktivität von Erholungsgebieten
        als Bestimmungsgrössen
_____

ELSASSER (2) bezeichnet für die Wahl bestimmter Standorte für
bestimmte Nutzungen zwei Faktoren für in hohem Masse verant-
wortlich:

    1. die Eignung der Standorte
    2. die Attraktivität der Standorte.

Wenn im folgenden von den Standorten für die Erholung die Rede
sein wird, so gilt es, diese Faktoren auseinanderzuhalten. Die
Bevorzugung bestimmter Räume durch den erholungssuchenden Menschen hängt nämlich wesentlich von Eignung und Attraktivität ab.

1.2.5.1. Zur Eignung von Erholungsräumen

"Die Eignung eines Standortes bezeichnet das Mass für eine mehr
oder weniger günstige Kombination von Standortfaktoren für die

_____

(1) MUELLER G., 1969, S. 255.
(2) ELSASSER H., 1975 (b), S. 63.

entsprechende Nutzung" (1). Für die Standortfaktoren der Erholungsnutzung gibt WEHNER (2) eine übersichtliche Darstellung:

Dominante Standortfaktoren:

1. Lagebeziehungen Quellgebiet - Zielgebiet
   (Distanz Siedlung - Erholungsraum)
2. Lagebeziehungen der Siedlungen zum Wald
3. Vielgestaltigkeit der Landschaft
   (Relief, Wald- und Gewässerränder)
4. Ausstattungsgrad der zentralen Orte
   (Sportanlagen)

Freilich könnte dieser Standortfaktorenkatalog noch ergänzt
werden; von Bedeutung ist jedoch folgender Umstand: Es spielen
neben diesen mehr sachbezogenen Faktoren auch irrationale Elemente eine Rolle. Wie wirkt ein bestimmter Raum auf den Menschen? Dieses optisch-sinnliche Erleben eines Gebietes durch
den Menschen kann mit Schönheit, harmonischer Gestaltung, Kon-
trast, Farben, Beleuchtung, Vielfalt und Abwechslungsreichtum
gefasst werden (3). KIEMSTEDT (4) spricht dabei vom geistigen-
kulturellen Gehalt einer Landschaft. Damit stossen wir aber
bereits zum zweiten Punkt dieses Abschnittes vor.

---

(1) ELSASSER H., 1975 (b), S. 63.

(2) WEHNER W., 1972, S. 233.

(3) Diesen ästhetisch-erlebnishaften Aspekt bringt LEHMANN
    (1950) in seinem Werk "Die Physiognomie der Landschaft".
    In diesem Zusammenhang ist auch der sogenannte Perzeptions-
    ansatz für die geographische Forschung zu sehen. Es geht
    bei diesem Ansatz um die Frage, ob Erscheinungen im Raum
    überhaupt so gesehen werden, wie es objektiv angemessen
    wäre, und ob nicht die subjektive Umweltwahrnehmung durch
    das Individuum und durch einzelne Gruppen die Entscheidun-
    gen und das Handeln beeinflussen (vgl. DOWNS R.M., 1970;
    LOEWENTHAL D., 1967; TUCEY M., und WHITE R., 1971). Auch
    in der Schweiz (ORL-Institut) wurde der Versuch unternom-
    men, eine Methode zur Bewertung des Erlebnispotentials der
    Landschaft zu entwickeln (vgl. SCHILTER R. CH., 1976).

(4) Nach KIEMSTEDT H., 1967, S. 14.

1.2.5.2. Zur Attraktivität von Erholungsräumen

Attraktivität bedeutet Anziehungskraft der Standorte für eine
bestimmte Nutzung. "Dabei wirkt sich diese Anziehungskraft
nicht direkt auf die Nutzung aus, sondern auf den Nutzungs-
träger, das heisst auf die Menschen, welche die entsprechende
Aktivität ausüben" (1).

Somit kann gesagt werden, dass bei günstigen Standortfaktoren
erst die Attraktivität den entscheidenden Impuls für die Nutzung gibt. Mit anderen Worten: Der Erholungswert eines Gebietes wird durch die Angebot-Nachfrage-Relation bestimmt. Wenn
ein bestimmter Raum sich durch vorteilhafte infrastrukturelle
und/oder natürliche Standortfaktoren auszeichnet (Angebot) und
auch von der Bevölkerung benutzt wird (Nachfrage), ist er attraktiv. Daraus kann weiter gefolgert werden: Je attraktiver
ein Ort ist, desto grösser ist die von ihm verursachte Mobilität. Hier liegt allerdings der Ansatzpunkt zu einer schwerwie-
genden Problematik. Ein attraktiver Erholungsraum zieht viele
Leute an, möglicherweise in dem Masse, dass er bereits für bestimmte Bevölkerungskreise wieder infolge Uebernutzung (mit
den bekannten Begleiterscheinungen wie Verschmutzungen und
Zerstörungen) an Attraktivität einbüsst.

Es muss an dieser Stelle festgehalten werden, dass sich für
die Bewertung von Erholungsgebieten der Mensch als grösster
Problemfaktor erweist. Seine Bedürfnisse und Ansprüche im Er-
holungsbereich sind nur schwer vorauszusagen. "Die Eignung
eines Erholungsgebietes richtet sich zwar objektiv nach den
natur- und kulturgeographischen Faktoren, die aber subjektiv
entsprechend den Wünschen und Bedürfnissen der Erholungssuchenden verschiedenartig bewertet werden" (2). Für die Entwicklung
eines Bewertungsverfahrens wird somit die Motivforschung zu
einer wichtigen Voraussetzung.

---

(1) ELSASSER H., 1975 (b), S. 63.
(2) KLOEPPER R., 1972, S. 8.

1.3. Das heutige Freizeitverhalten und seine räumlichen Auswirkungen

Im Prozess der gesamtgesellschaftlichen Entwicklung und der allgemeinen Konzentrationserscheinungen im Bereich städtisch geprägter Gebiete ist es für diese Arbeit von besonderem Interesse, welches die Freizeitverhaltensweisen im städtischen Verdichtungsraum sind und welche räumlichen Auswirkungen diese zeitigen. Die Kenntnis des raumbezogenen Verhaltens des Menschen im Bereich der Naherholung sind wichtige Prämissen für planerische Ueberlegungen. Es werden deshalb die für das Thema dieser Arbeit relevanten Aspekte des Freizeitverhaltens herausgegriffen.

1.3.1. Das Freizeitverhalten

Der Bedeutungszuwachs der Daseinsgrundfunktion "Sich Erholen" hängt von verschiedenen Ursachen ab, wobei SCHEMEL (1) zwei Gruppen von Faktoren unterscheidet:

1. Faktoren, die von der "Voraussetzung der Befriedigung" ausgehen: gehobener Lebensstandard, Mobilität, wachsende zeitliche Möglichkeiten, Steigerung des Gesundheitsbedürfnisses, höhere Ansprüche an Umwelt und Infrastruktur u.a.
2. Faktoren, die das "gesteigerte Erholungsbedürfnis auslösen": geringe Lebensqualität, unbefriedigende Wohn-, Verkehrs- und Arbeitsbedingungen.

Nach SCHEUCH (2) wird das Freizeitverhalten durch die Merkmale Alter, Bildung, Rolle der Berufstätigen und Rolle der Hausfrau

---

(1) SCHEMEL H.-J., 1974, S. 22.
(2) SCHEUCH E.K., 1969, S. 786, zit. in: SCHNELL P., 1977, S. 184.

stärker, durch die Merkmale Geschlecht, Art des Berufes und
Wohnort Stadt oder Land mittelmässig und durch die Merkmale
individuelles Einkommen, Autobesitz und Haushalteinkommen
schwächer bestimmt.

Tab. 1: Motive zur Wahl eines Erholungsgebietes (Auswahl
verschiedener Autoren)

ALLENSPACHER INSTITUT (1969)	landschaftliche Reize
BENTS (1974)	Wanderwege
VON BUTLER (1976)	Spazieren Ausflüge
CZINKI (1969)	Spazieren Baden Lagern
EIDG. KOMMISSION FUER EINE GESAMTVERKEHRSKONZEPTION (1974)	Besuch von Verwandten oder Bekannten Sport Wandern und Spazieren
FISCHER (1969)	Bademöglichkeiten Wandern
GEIGER (1969)	Ausruhen Spazieren
KIESLICH (1963)	Spazieren Ausflüge aktiver Sport
SCHNELL (1977)	Qualität des Erholungsge- bietes
VOLKART (1974)	Ausflüge Treffen mit Freunden

Durch diese Vielfalt von Einflussfaktoren und Bestimmungsgrössen ist das Verhalten des Menschen in der Freizeit sehr
unterschiedlich. Verschiedene in- und ausländische Arbeiten
sowie eigene Beobachtungen und Untersuchungen erlauben aber
trotzdem, einige "regelhafte" Verhaltensweisen zu isolieren,
die wichtige Ausgangsgrössen bei der Entwicklung eines Bewertungsverfahrens bilden (so u.a. für die Auswahl und Gewichtung der erholungswirksamen Faktoren).

Tab.2: Zusammenstellung zum heutigen Freizeitverhalten (Auswahl versch. Autoren)

Autor / Merkmal	CZINKI (1969)	EIDG.KOM. f. GVK (1974)	KIEMSTEDT (1972)	RUPPERT (1971 b)	SCHEMEL (1974)	SCHNELL (1977)
Beteiligung an Naherholung	20-40% (1)	30-50% (von 3 Sonntagen mind. 1 Ausflug)	30%	30%	89% im Sommer (Nächst- und Naherholung)	
Distanz Wohnort-Zielort	bis 30km		davon 70% in einen Bereich bis 30km	davon 60% in einen Bereich bis 100km	davon 40% 40% in einen Bereich von 30-100km	4/5 der der Bevölkerung in stadtnahe Gebiete
Aufenthaltsdauer im Erholungsgebiet				70% für 1-9 Stunden	1/3 für 3-6 Stunden	
Privatwagenbesitz			80% mit eigenem Auto	72% mit eigenem Auto		
Weitere Faktoren (Beteiligung an Naherholung, wenn ....)		lärmige Wohnung, höheres Einkommen				verheiratet, 31-50-jährig, 1-3 Kinder, höhere Bildung
Untersuchungsraum	Ruhrgebiet	gesamtschw. Erhebung	Bevölkerung ausgewählter Städte	München	Isarauen, München	Münster, Nordrhein-Westfalen

(1) Ein Durchschnittserholungssuchender wird 72% seiner Nettofreizeit zu Hause oder in Wohnungsnähe, 18% für Wochenenderholung ausserhalb des Wohnortes und 10% für Urlaub verwenden können (CZINKI L., 1969, S.265).

Aus den beiden Zusammenstellungen (Tabellen 1 und 2) lässt
sich in knappen Zügen das Bild eines "Durchschnitts-Naherho-
lungssuchenden" entwerfen, dem jedoch lediglich Hilfsfunktion
im Rahmen dieser Arbeit zukommt, keinen Anspruch auf Allgemein-
gültigkeit erhebt und somit mit der nötigen Vorsicht aufzu-
nehmen ist.

Beim Naherholungssuchenden handelt es sich in der Regel um

. einen Städter
. mittleren Alters
. aus der Mittel- oder Oberschicht
. der im Besitze eines Privatwagens ist,
. nicht länger als eine Stunde zum gewählten
  Zielort fährt
. und dort vor allem spazieren oder wandern möchte
. oder allenfalls Verwandte und Bekannte besucht.

Im Sommer ist zusätzlich das Baden besonders attraktiv, während im Winter zudem Möglichkeiten zum aktiven Wintersport
gesucht werden.

Entscheidend zur Wahl des Ausflugsortes sind dann im besonderen
landschaftliche Schönheiten wie bewegtes Relief, Waldränder und
Gewässer.

1.3.2. Die räumlichen Auswirkungen des Freizeitverhaltens

Das heutige Freizeitverhalten zeigt ein sehr vielseitiges Bild,
auch wenn der Versuch gewagt wurde, einen "Durchschnittserho-
lungssuchenden" mit seinen Verhaltensweisen zu skizzieren.
Die Erholungsaktivitäten im Nahbereich sind zahlreich und
reichen vom extensiv-beschaulich - ruhigem Tun über geselliges
Verhalten zu intensiv-sportlicher Nutzung der Flächen und Einrichtungen. Es lassen sich grundsätzlich drei Arten der Raumwirksamkeit unterscheiden, wobei ihre Abgrenzung indessen nicht
scharf ist und Kombinationen möglich sind:

1. die flächenhafte: z.B. Skipisten, Freiluftbad, Parkplätze
2. die lineare: z.B. Wandern, Fitness-Parcours, Radfahren
3. die punktuelle: z.B. Ausruhen und Lagern, Besuch eines
                                   Ausflugsrestaurants, Hallenbad

Daneben bildet ein bestimmter Raum aber oft lediglich austausch-
baren Hintergrund für momentan bevorzugte Beschäftigungen. Er
dient als Kulisse des Geschehens. Aus dieser Tatsache folgert
CZINKI (1): "Diese Erscheinung bedeutet, dass Landschaften,
die früher um ihrer selbst willen aufgesucht wurden, zwar
weiterhin einen Chancenvorsprung im Hinblick auf die Nachfrage
aufweisen, aber für einen überdurchschnittlichen Erfolg doch
gebaute, organisierte und nachfrageorientierte Einrichtungen
benötigen. Grundsätzlich ist also jeder Ort und jede Lage zum
Ausbau für die Erholung geeignet, jedoch sind die Startvoraus-
setzungen in abwechslungsreichen Gegenden günstiger."

Neben der natürlichen Qualität bilden die Erholungseinrichtungen wichtige Voraussetzungen zur Befriedigung des gesteigerten Erholungsbedürfnisses. Es muss aber deutlich unterschieden werden zwischen den Wünschen der Erholungssuchenden und
den tatsächlichen Verhaltensweisen. Wenn bestimmte Erholungsinfrastrukturen gewünscht werden, heisst dies nicht zwingend,
dass bei allenfalls vorhandener Einrichtung für eine gewünschte
Aktivität diese auch benutzt wird. So suchen die meisten Aus-
flügler ihre Erholung nicht (obschon "Wald" in den verschiedenen Nachfrageuntersuchungen zur Erholung gewünscht wird) "in
der Tiefe stiller Wälder, wie man es annehmen würde, sondern
unter ihresgleichen an Plätzen, wo etwas los ist (...). Sie
kommen dorthin wegen der Einrichtungen, des Sicherheitsgefühls
und wegen des Drangs, sehen und gesehen zu werden" (2).

---

(1) CZINKI L., 1972, S. 158.
(2) CZINKI L., 1972, S. 152.

Die Frage der quantitativen Inanspruchnahme von bestimmten
Räumen und Einrichtungen durch den erholungssuchenden Menschen
erweisen sich als gewichtige Problemfaktoren für Planungen.
Obschon von grosser Wichtigkeit, wurde bisher dieser Aspekt
wenig untersucht. Als Folge der Eignung und Attraktivität
ergeben sich für die Erholungsgebiete Belastungserscheinungen,
die unter zwei Gesichtspunkten betrachtet werden können:

1. Höhe und Intensität der Erholungsnachfrage für
   ein bestimmtes Gebiet ("Besucherdruck")

2. Belastbarkeit eines Raumes

   - durch Natur gegeben: Tragfähigkeit des Raumes
   - durch Erholungssuchende: Kapazität des Raumes

Die grossen Belastungen des ländlichen Raumes durch den Naherholungsverkehr können zu einem "Antistädterreflex" der Land-
bevölkerung führen, der den Planern die Arbeit bedeutend er-
schwert. KRIPPENDORF (1) stellt richtig fest, dass es mit
der Festsetzung von Grenzwerten der Belastbarkeit eines Raumes
nicht sein Bewenden haben kann, "denn es wäre unsinnig, die
Landschaftsbelastung (...) so weit wachsen zu lassen, bis sie
eine kritische Schwelle erreicht. Es bedarf zusätzlich tiefer
angesetzter Richt- und Zielwerte (...). Denn selbst wenn die
Belastbarkeit der Landschaft an sich ein Mehrfaches an touri-
stischen Einrichtungen erlauben würde, will dies noch lange
nicht heissen, dass ein derartiger Ausbau von der ansässigen
Bevölkerung (...) tatsächlich gewünscht wird" (2).

Belastungsprobleme treten zudem bei Nutzungskonflikten zwischen
Erholung und Natur (z.B. Verunreinigungen) und zwischen Erholung
und Landwirtschaft, Wasser- oder Forstwirtschaft auf (z.B. Be-

---

(1) KRIPPENDORF J., 1975, S. 98.

(2) Verschiedene Untersuchungen befassen sich mit dem Versuch,
    eigentliche Toleranzschwellen der Belastbarkeit eines Rau-
    mes zu bestimmen. Es wurde auch verschiedentlich versucht,
    Flächenbedarfsnormen zu definieren, die jedoch, solange
    gesicherte ökologische Richtwerte fehlen, von geringem
    Nutzen sind.

schädigungen). Bei der Ausscheidung von Erholungsgebieten stellt
sich so immer die heikle Frage, wie kann die Erholungsnutzung
in die bestehenden Nutzungsarten und den Naturhaushalt integriert werden (1). Zentral wird für die Bearbeitung der in
dieser Arbeit gestellten Problematik, ob bei der Bestimmung
der Erholungseignung der Landschaft die bestehenden Stand-
ort- und Nutzungsmuster möglichst breit erfasst werden (natürliche und infrastrukturelle Komponenten). Ein Eignungsraum
muss ja für eine bestimmte Skala von Zwecken das Potential bieten, um den gesamtgesellschaftlichen Ansprüchen genügen zu können. Auch wenn das Schwergewicht bei den Erholungsinfrastrukturen liegen muss (sie wirken sich in erheblichem Masse len-
kend auf den "Erholungsstrom" aus), darf als Schlüssel zur Auswahl besonders geeigneter Flächen für die Erholung die Viel-
seitigkeit des Angebotes angesehen werden. Auf dieser Grundlage können Flächenzuordnungen vorgenommen werden, die einer
optimalen Raumordnung dienen. Optimal würde heissen, die Ansprüche sämtlicher beteiligter Daseinsgrundfunktionen zu berücksichtigen, dabei die Nutzungskonflikte zu minimieren und
gleichzeitig das ökologische Gleichgewicht zu wahren.

---

(1) Vgl. dazu: Teil D, Kap. 1.

2.   DIE DASEINSGRUNDFUNKTION "SICH ERHOLEN" IN DER
      RAUMPLANUNG

2.1.   Allgemeine Bemerkungen

Raumplanung ist ein Instrument der Raumordnungspolitik (1)
und dient damit der Realisierung der Ziele einer allgemein
anerkannten Raumordnung. Es kann davon ausgegangen werden,
dass die strukturräumliche Ordnung bzw. das Verhältnis zwischen Gesellschaft, Wirtschaft und Raum nicht von sich aus
optimal ist. Der Lebensraum ist zu gestalten, was anders formuliert heisst: "Die immer stärker gewordene Abhängigkeit
des Menschen von Dingen, die nicht mehr ausschliesslich seinem Einfluss unterliegen, hat die öffentliche Hand gezwungen,
sich mehr um die Bedürfnisse des Menschen zu kümmern" (2).

Es darf aber nicht übersehen werden, dass "die 'grossen' sozialen und wirtschaftlichen Ordnungsprobleme nicht auf dem
Felde der Raumplanung gelöst werden können (...). Die Raumplanung und Raumforschung ist vielmehr ein Bereich, dessen
wirklich grosse Probleme zu einem guten Teil nicht durch Raumordnung, sondern durch bestimmte, sehr allgemeine gesellschafts-
politische Entscheidungen mitgeschaffen und mitgelöst werden" (3).

Tatsächlich scheinen ökonomischer Druck, politische Nachgiebig-
keit und weitgehendes Fehlen eines rechtlichen Instrumentariums
Kennzeichen der heutigen Situation zu sein. SCHEMEL (4) meint,
dass "über den Markt allein die Grundbedürfnisse des Menschen

---

(1) Instrumentell kann die Raumordnungspolitik zweigeteilt wer-
    den: a) Raumplanung und b) Regionalpolitik.

(2) NIEMEIER H.-G., 1970, S. 431.

(3) HARD G., 1973, S. 195.

(4) SCHEMEL H.-J., 1974, S. 21.

nicht erfüllt werden können". Er zitiert dazu ISENBERG (1):
"Die zerrissene Landschaft am Rande unserer Städte (...)
ist ein anschaulicher Beweis dafür, dass das freie Spiel
der Kräfte nicht ausreicht, um die Ansprüche an den Boden
befriedigend auszugleichen." SCHEMEL (2) führt weiter aus:
"Wenn die Gesetzmässigkeiten des marktwirtschaftlichen Systems die gesellschaftlichen Investitionen nicht in die opti-
male Richtung lenken, müssten übergeordnete, d.h. nur dem
Interesse der Allgemeinheit verpflichtete Zielvorstellungen
als Leitlinie den ungesteuerten Entwicklungen bestimmend ge-
genübertreten. An diesen haben sich die divergierenden Ziele
der verschiedenen Interessengruppen in der pluralistischen
Gesellschaft auszurichten. Dabei kommt es fast zwangsläufig
zu Zielkonflikten."

Es darf geradezu als dringliche Notwendigkeit bezeichnet
werden, durch Massnahmen der öffentlichen Hand (Raumordnungspolitik) Ziele der räumlichen Entwicklung zu fixieren. Der
wachsene Nachfragedruck der städtischen Bevölkerung auf die
freie Landschaft ruft nach politischen Zielsetzungen, die für
die Raumplanung im Bereich der Erholung folgende Aufgaben ergeben (3):

1. Für die kurzfristige Freizeit müssen geeignete Landschaften gegenüber den konkurrenzierenden Nutzungen
   wie Industrie, Verkehr und Wohnen gesichert und entwickelt werden.
2. Ausnützung bzw. Entwicklung komparativer Vorteile von
   Regionen hinsichtlich raumrelevanter Freizeitfunktionen.

Dabei fällt auf, dass Raumplanung nicht nur reine Flächen-
freihalteplanung sein soll. Zugleich muss sie den Anforderungen der Entwicklungsplanung genügen, die auf das Ziel einer

---

(1) ISENBERG G., 1957, zit. in: SCHEMEL H.-J., 1974, S. 82.
(2) SCHEMEL H.-J., 1974, S. 82.
(3) Nach TUROWSKI G., 1972, S. 8.

erwünschten Ordnung des Lebensraumes hinarbeitet. Es sind
auf regionaler Stufe alternative Naherholungsgebiete zu bezeichnen, die zur Entlastung bestehender Erholungsräume dienen
könnten. Letztlich bedarf es zur Gestaltung des Lebensraumes
der Koordination von staatlichen Massnahmen, privatwirtschaftlichen Zielen, öffentlichen Forderungen und individuellen
Wünschen.

2.2. Gesetzliche Grundlagen der Raumplanung

In ihrer gesellschaftspolitischen Bedeutung und als raumbe-
anspruchende Funktion ist "Erholung" erst in jüngster Zeit
erkannt worden. Diese Erkenntnis hat ihren Niederschlag in
verschiedenen Gesetzen, Programmen und Plänen gefunden.

Zunächst kann mit STINGELIN (1) festgehalten werden, dass
wohl die Ziele der Raumplanung im verfassungsmässigen Auftrag
als "Sicherstellung einer zweckmässigen Nutzung des Bodens
und der geordneten Besiedlung des Landes" umschrieben sind,
der Bund jedoch im gegenwärtigen Zeitpunkt noch über keine
Raumplanungsgesetzgebung verfügt. "Die raumrelevante Tätigkeit des Bundes im Bereich der Raumplanung stützt sich auf
vielfältige Verfassungs- und Gesetzesgrundlagen, deren poli-
tisches Gewicht viel zur Zergliederung des Raumes durch Einzel-
massnahmen beigetragen hat (z.B. Strassenbau). Neben den erwähnten Sachgesetzen des Bundes, die in den meisten Fällen in
Form der kantonalen Anschlussgesetzgebung über ein Pendant
verfügen, befassen sich in erster Linie die kantonalen Bau-
und Planungsgesetze mit der räumlichen Entwicklung. Die Beschränkung der meisten Bau- und Planungsgesetze auf die Nutz-
planung (Ausscheidung von Bauzonen und Erschliessung) und der
enge Sachbezug der Sachgesetze erschweren oder verhindern die

---

(1) STINGELIN A., 1977, S. 87.

Durchsetzung des heute unbestrittenen Postulates, dass Raumplanung unter Einschluss der Massnahmenvorbereitung und -durch-
führung den gesamten Raum zu umfassen habe" (1).

Durch rechtliche Massnahmen ist es möglich, die Entwicklung
der Bodennutzung in den Griff zu bekommen. Auch wenn vor allem die kantonale Gesetzgebung räumliche Entwicklungen bestimmt, so bietet diese doch Gewähr, dass Erholungsräume indirekt geschützt werden (2). Es lag ja bis anhin ausschliesslich in der Kompetenz der Gemeinden, Massnahmen zum Schutze
von Erholungsgebieten zu erlassen (Gemeindebauordnungen, z.B.
BauO Stadt Zürich, Art. 50 f.). Der Kanton Zürich hatte bisher keine gesetzlichen Grundlagen hierzu. Hingegen machte er
vielfach Gebrauch, Landschaften im Sinne des Natur- und Heimatschutzes unter Schutz zu stellen (sogenannte Schutzverord-
nungen). Bei der Ausarbeitung von Gesamtplänen können indessen jetzt jene Landschaften ausgeschieden werden, die mit
Rücksicht auf ihren Erholungswert vor Ueberbauung bewahrt werden sollten. Es steht daher seit dem Inkrafttreten des Zürcher
Planungs- und Baugesetzes fest, dass Landschaften als Erholungsgebiete zu erhalten sind.

Die folgenden Zusammenstellungen gelten der heutigen Rechts-
und Sachlage, wobei im besonderen die "erholungsrelevanten"
Gesetze diskutiert werden.

2.2.1.   Gesetzliche Grundlagen auf Bundesebene (Auswahl)

11.10.1902:   Bundesgesetz über die eidgenössische Oberauf-
sicht über die Forstpolizei. Nach ihm muss das
Waldareal geschützt werden.

---

(1) STINGELIN A., 1977, S. 87.

(2) Ein direkter Schutz wäre nur gegeben, wenn ein Erholungs-
landschaftsschutzgesetz existieren würde.

1.7.1966: Bundesgesetz über den Natur- und Heimatschutz (Schutz von Uferlandschaften, Schaffung von Reservaten, befristete Massnahmen zum Schutz von Objekten von nationaler Bedeutung).

14.9.1969: Annahme des Art. 22 quarter der Bundesverfassung in der Volksabstimmung mit folgendem Wortlaut:
1 Der Bund stellt auf dem Wege der Gesetzgebung Grundsätze auf für eine durch die Kantone zu schaffende, der zweckmässigen Nutzung des Bodens und der geordneten Besiedlung des Landes dienende Raumplanung.
2 Er fördert und koordiniert die Bestrebungen der Kantone und arbeitet mit ihnen zusammen.
3 Er berücksichtigt in Erfüllung seiner Aufgaben die Erfordernisse der Landes-, Regional- und Ortsplanung.

8.10.1971: Bundesgesetz über den Schutz von Gewässern vor Verunreinigung.

17.3.1972: Der Bundesbeschluss über dringliche Massnahmen auf dem Gebiet der Raumplanung tritt in Kraft. Dieser Beschluss wurde zunächst bis Dezember 1976 verlängert, hernach ein zweites Mal bis zum 31.12.1979.

4.10.1974: Knappe Ablehnung des ersten Entwurfes eines Raumplanungsgesetzes (Stimmenverhältnis 654'233 Nein zu 626'134 Ja). Da aber der Bund verpflichtet ist, in Form von Grundsätzen Vorschriften über die zweckmässige Nutzung des Bodens und die geordnete Besiedlung des Landes aufzustellen, ist inzwischen bereits ein zweiter Entwurf am 10.4.1978 vorgestellt und in die Vernehmlassung geschickt worden, aus dem folgende Auszüge stammen:
Art. 2: 1 Bund, Kantone und Gemeinden erarbeiten die für ihre raumwirksamen Aufgaben nötigen Planungen und stimmen sie aufeinander ab.
2 Sie berücksichtigen die räumlichen Auswirkungen ihrer übrigen Tätigkeiten.
Art. 3: 1 Die Landschaft ist zu schonen. Dabei sollen:
a) der Landwirtschaft genügende Flächen geeigneten Kulturlandes erhalten bleiben;
b) Siedlungen und Bauwerke sich in die Landschaft einordnen;
c) See- und Flussufer nicht weiter überbaut und Zugänge erleichtert werden;

                d) naturnahe Landschaften und Erholungs-
                   räume erhalten bleiben;
                e) die Wälder ihre Funktionen erfüllen
                   können.

Art. 3: 2 Die Siedlungen sind nach den Bedürfnis-
                  sen der Bevölkerung zu gestalten und
                  in ihrer Ausdehnung gegenüber der Land-
                  schaft zu begrenzen. Dabei sollen (...)
                c) einladende Rad- und Fusswege erhal-
                   ten und geschaffen werden; (...)
                e) Siedlungen viele Grünflächen und
                   Bäume enthalten.

         3 Für die öffentlichen und im öffentlichen
           Interesse liegenden Bauten und Anlagen
           sind sachgerechte Standorte zu bestim-
           men. Dabei sollen
           a) regionale Bedürfnisse berücksichtigt
             und störende Ungleichheiten abgebaut
             werden;
           b) Einrichtungen wie Schulen, Freizeit-
             anlagen oder öffentliche Dienste
             für die Bevölkerung gut erreichbar
             sein;
           c) nachteilige Auswirkungen auf die
             natürlichen Lebensgrundlagen, die
             Bevölkerung und die Wirtschaft ver-
             mieden oder gesamthaft gering ge-
             halten werden.

Zur Zeit steht ein Bundesgesetz über den Schutz der Umwelt
zur Diskussion, das gesamtschweizerisch einheitliche Immis-
sionswerte der zumutbaren Umweltbelastung festlegen soll.
Es ermöglicht u.a. eine lärmgerechte Ausscheidung von Sied-
lungs- und Erholungsgebieten.

2.2.2. Gesetzliche Grundlagen auf kantonal-zürcherischer Ebene (Auswahl)

23.4.1893: Baugesetz für Ortschaften mit städtischen Verhältnissen (formell heute noch in Kraft) begün-
stigt indirekt die Erholungsnutzung, indem nicht
von vornherein der Gebrauch der Landschaft zu
Erholungszwecken verunmöglicht wird.

9.5.1912: Die kantonale Natur- und Heimatschutzverordnung tritt in Kraft.

17.3.1974: Der Gegenvorschlag des Regierungsrates zur Volksinitiative für ein Gesetz zur Schaffung von Erholungsgebieten wird vom Volk angenommen (Gesetz zur Finanzierung von Massnahmen für den Natur- und Heimatschutz sowie Erholungsgebiete).

8.9.1975: In der Volksabstimmung wird das Planungs- und Baugesetz (PBG) angenommen, womit das alte Baugesetz sukzessive ersetzt werden kann.

Das kantonalzürcherische Planungs- und Baugesetz greift in seinen Grundzügen dem eidgenössischen Raumplanungsgesetz vor. Die Ziele des eidgenössischen Gesetzes wurden im kantonalen weitgehend berücksichtigt (Dezentralisation der Besiedlung mit regionalen und überregionalen Schwerpunkten). Es wird in diesem Gesetz (PBG) betont, dass bei der Ausarbeitung des Gesamtplanes darauf zu achten sei, dass die für die Erholung der Bevölkerung nötigen Gebiete dauernd zur Verfügung stehen (Teilrichtpläne) (1). Während der dringliche Bundesbeschluss lediglich die Freihaltung der Erholungsgebiete garantiert, stellt das PBG die institutionellen Mittel bereit, die für eine sinnvolle Planung nötig sind (Richt- und Nutzungspläne als Instrumente einer "Erholungsplanung"). So ist beispielsweise das Vorkaufsrecht der Gemeinden in der Freihaltezone gewährleistet.

2.3. Räumliche Auswirkungen staatlicher Tätigkeiten

Das Ziel öffentlicher Daseinsvorsorge im Bereich "Erholung" kann mit der Forderung nach Erhaltung und/oder Schaffung einer ausreichenden Grundausstattung des Raumes zusammengefasst werden.

---

(1) Vgl. dazu: Tab. 3, S. 52; ebenso finden sich Auszüge der Art. 18 und 23 des PBG im Teil D, Kap. 1.

Tab. 3: Zusammenstellung des Systems Richt- und Nutzungsplanung nach dem Planungs- und Baugesetz des Kantons Zürich (PBG)

Richtplanung (mittelbar verbindlich)	Nutzungsplanung (unmittelbar verbindlich)
1. Kanton Kantonaler Gesamtplan § 18 ff.: Siedlungs- und Landschaftsplan mit Erholungsgebieten* direkt Forstgebiete Landwirtschaftsgebiet Schutzgebiete* ⟩ indirekt der Erholungsplanung dienlich Trenngebiete* übriges Gebiet (* = nur bei kantonalem Interesse)	Landwirtschaftszone (§ 31 ff.) Forstwirtschaftszone Freihaltezonen (§ 34 ff. und § 192)
2. Region Regionaler Gesamtplan mit Siedlungs- und Landschafts- plan (§ 18 ff.) Erholungsgebiet direkt der Erholungsplanung dienlich Schutzgebiet Trenngebiet ⟩ indirekt übriges Gebiet	Regionale Freihaltezonen (§ 34)
3. Gemeinde Kommunaler Plan Siedlungs- und Landschafts- plan (§ 18 ff.) wie im regionalen Gesamtplan	Bau- und Zonenordnung (§ 41 ff.) mit Freihaltezonen (§ 57 ff.) Reservezonen (§ 61) Waldabstandslinien (§ 62) Gewässerabstands- linien (§ 63) Aussichtsschutz (§ 71) Schutzverordnungen und -verfügungen (§ 192) Ski- und Schlittel- linien (§ 106 bis ff.) ⟩ indirekt der Erholungsplanung dienlich

Es lassen sich grundsätzlich drei Arten der Raumbeanspruchung unterscheiden:

1. Bund, Kanton oder Gemeinde für eigene Bedürfnisse,
2. Bund, Kanton oder Gemeinde für die Oeffentlichkeit (Bedürfnisse der Bevölkerung) und
3. private Bedürfnisse.

Dabei müssen die Flächen der öffentlichen Hand und diejenigen in Privatbesitz nach Grösse und Funktion in richtige Relation zueinander gebracht werden, um auf der einen Seite die Eigeninitiative nicht zu hemmen, auf der anderen Seite aber individuell zu stark betonte wirtschaftliche Interessen einzuengen.

Es stellt sich nun die Frage nach der Art und dem Umfang der vom Staat zu schaffenden räumlichen Voraussetzungen für die Erholungsaktivitäten. Wenn die Erholungseinrichtungen dabei eine wichtige Rolle spielen, so nicht nur aus Gründen der lenkenden Wirkung der Infrastruktur, sondern ebensosehr wegen ihrer Bedeutung für die Raumqualität überhaupt. Die Ausstattung des Raumes mit Erholungsinfrastrukturen bestimmt doch massgebend dessen Eignung für die Erholungsnutzung. Insofern kann BOESLER (1) zugestimmt werden: "Der Infrastrukturraum stellt einen Eignungsraum dar, der wie der naturbestimmte Eignungsraum für eine bestimmte Skala von Zwecken das Potential bietet."

Nach HUEBLER (2) werden die "infrastrukturellen Voraussetzungen oft zu wenig beachtet, obschon der Bedarf offensichtlich ist". Unter "Freizeitinfrastruktur werden alle öffentlichen und privatwirtschaftlichen Einrichtungen verstanden, die mittel- oder unmittelbar verschiedene Freizeitbetätigungen gewährleisten oder fördern".

---

(1) BOESLER K.-A., 1970, S. 299.
(2) HUEBLER K.-H., 1972, S. 4.

ZEH (1) bezeichnet als "touristische Infrastruktur (in Gemeinden und Landschaften) die öffentlichen Einrichtungen und Anlagen in Erholungsgemeinden und der freien Natur, die hauptsächlich von Ortsfremden in Anspruch genommen werden (wie Parkplätze, Seilbahnen, Wanderwege, Ausflugspunkte, Naturparks, Freigelände)".

Infolge der zentralen Stellung der Infrastruktur für die Eignung und die Attraktivität eines Erholungsgebietes sowie wegen ihrer Raumbeanspruchung muss diese entsprechend bei der Bewertung eines Raumes für die Erholung berücksichtigt werden (2). Allerdings ist dabei auf zwei Gefahren hinzuweisen: 1. Verplanung der Freizeit und 2. Infrastrukturinvestitionen am falschen Platz. Es kann nicht im Interesse der Wohlfahrtsfunktion der Raumplanung sein, möglichst viele Leute aus den Städten hinauszulocken, da damit noch weitere Belastungen der Landschaft auftreten. Als notwendige "erholungspolitische" Schritte wären in diesem Zusammenhang zu nennen:

- Bodenerwerb von öffentlicher Seite, insbesondere in den Agglomerationsräumen (Landsicherung für Freihaltezonen) (3)
- Ausstattung der für die Erholung geeigneten Räume
- Baugesetzgebung so handhaben, dass sie auch der Erholungsfunktion dient.

Dabei muss allerdings dem Nutzungskonflikt Landwirtschaft - Erholung grosse Beachtung geschenkt werden. Nichtbaugebiete (mit Ausnahme von Wald- und Naturschutzgebieten) sind in erster Linie Landwirtschaftsgebiete. Die Landwirtschaft braucht grosse zusammenhängende Flächen. Auf diesen sollen grundsätzlich keine Erholungseinrichtungen erstellt werden. Die von der Landwirtschaft intensiv genutzten Flächen dienen gegebenenfalls optisch als Kulisse für den Erholungssuchenden.

---

(1) ZEH W., 1972, S. 23.
(2) Vgl. dazu: Teil C, Kap. 1.3.
(3) Vgl. dazu: WOTTRENG ST., 1974.

Extensiv genutzte Landwirtschaftsgebiete können ihr Wegnetz dem Wanderer oder Spaziergänger anbieten (eventuell auch speziell markierte Reitwege). Intensive Erholungsnutzung jedoch kann nur von der Landwirtschaft getrennt stattfinden, so etwa in Siedlungsnähe oder in der Nähe wichtiger Verkehrsachsen (Vita-Parcours, Sportplätze, Parkplätze).

Für die nichtüberbaubaren Restflächen zwischen Siedlungen, Wäldern und landwirtschaftlich intensiv genutzten Flächen soll die Erholungsfunktion Priorität erhalten. Diese Restflächen sollten auch - wenn immer möglich - zusammenhängende Gebiete darstellen. Solche Räume müssen den Ansprüchen der Erholungssuchenden gemäss entwickelt werden.

Der Bericht der Expertenkommission für ein gesamtwirtschaftliches Entwicklungskonzept für das Zürcher Berggebiet (1) sagt richtig aus, dass "ausgedehnte und zusammenhängende Wandergebiete sicherzustellen" seien, die weder zusätzlich besiedelt noch vom Durchgangsverkehr durchschnitten werden.

Dank dem kantonalzürcherischen Planungs- und Baugesetz ist dem Staat ein rechtliches Instrumentarium in die Hände gelegt worden, das die raumwirksamen Aktivitäten der öffentlichen Hand und der Privaten in klare Grenzen weist. Hingegen fehlt es nach wie vor an einem übergeordneten Leitbild zur räumlichen Entwicklung: Den raumordnungspolitischen Wegweiser gibt es nicht (2).

---

(1) REGIERUNGSRAT DES KANTONS ZUERICH, Expertenkommission für ein gesamtwirtschaftliches Entwicklungskonzept Zürcher Berggebiet, 1972, S. 42.

(2) BRUGGER E. und HAEBERLING G. (1978) weisen darauf hin, dass Raumordnungspolitik in der Schweiz nicht zu den vorrangigen Traktanden der politischen Tagesordnung gehöre. Zwar werde der kleinräumig angelegten Einflussnahme auf die Nutzung der hochbelasteten Umwelt unter dem Titel "Raumplanung" ein ansehnlicher politischer Stellenwert zuerkannt. Dagegen werden die Gemeinwesen nur sehr zaghaft beauftragt, die grossen Züge des räumlichen Wandels in gezielter Weise zu beeinflussen.

3.   DIE BEWERTUNG DER ERHOLUNGSEIGNUNG DER LANDSCHAFT
      ALS BEITRAG DER GEOGRAPHIE ZUR RAUMPLANUNG

Bisher ging es in geographischen Arbeiten vor allem um Be-
schreibungen, Strukturfragen und Typisierungen in den Bereichen Landwirtschaft, Industrie, Dienstleistungen, Siedlung
und Verkehr. Erst in jüngster Zeit spielen "erholungsgeogra-
phische" Themen (Tourismus, Naherholung) eine wichtigere
Rolle.

Die Frage der optimalen Flächennutzung (als ein Ziel der
Raumordnung) führt zu Standortfragen der Daseinsgrundfunktionen allgemein und - was diese Untersuchung betrifft - zu jenen
der "Erholung" im besonderen. Unter den Daseinsgrundfunktionen
ist auch die "Erholung zum raumordnerischen Problem" (1)
geworden.

Ohne Zweifel muss bei jeder raumplanerischen Tätigkeit von
der "Einheit des Raumes" (2) ausgegangen werden. Zu den Be-
mühungen, die dazu dienen, in diesem Lebensraum befriedigende
Umweltbedingungen für das menschliche Dasein zu schaffen,
gehört das Bereithalten von Tages- und Naherholungsflächen
(Grünflächen). Für HUEBLER (3) sind dabei drei Bestimmungsgrössen massgebend:

    1. "die räumliche Konzentration der aufwendigen
       Freizeiteinrichtungen,
    2. ihre Erreichbarkeit von den Bedarfszentren und
    3. ihre Nutzungsintensität."

Somit ist für die Raumplanung im Bereich der Freizeit ein
deutliches Schwergewicht ihrer Aufgabe unter dem Aspekt des
infrastrukturellen Engpasses zu sehen (mit einem entsprechenden räumlichen Schwergewicht in den Verdichtungsgebieten).

---

(1) KLOEPPER R., 1972, S. 1.
(2) STINGELIN A., 1977, S. 84.
(3) HUEBLER K.-H., 1972, S. 5.

3.1. Planungsrelevante Faktoren

Bei grundsätzlichen Ueberlegungen zur Gestaltung von Freiräumen in der Landschaft, die der Erholung dienen sollen, fällt
auf, dass sowohl qualitative wie quantitative Aspekte zu
beachten sind:

<u>qualitative Aspekte:</u>

- Ruhe
- Naturnähe
- Möglichkeit der
  "Vereinzelung"
- Bewegung
- Gesundheitspflege

<u>quantitative Aspekte:</u>

- Angebot an freier Zeit
- Erreichbarkeit der
  Freiräume
- Attraktivität der Erho-
  lungseinrichtungen

Beim Aspekt "Erreichbarkeit" ist insbesondere an die nicht-
motorisierte Bevölkerung zu denken (alte Leute und Kinder),
womit der öffentliche Verkehr eine besondere Bedeutung erhält. Die "gebauten, organisierten und nachfrageorientier-
ten Einrichtungen" (1) sind deshalb wichtig, weil sie günstige Voraussetzungen für die Erholung schaffen.

WEHNER (2) nennt vier dominante Standortfaktoren für die
Erholung (Lagebeziehungen Quellgebiet-Zielgebiet, Lagebeziehungen der Siedlungen zum Wald, Vielgestaltigkeit der Landschaft, Ausstattungsgrad der zentralen Orte), die sich nach
dem gleichen Autor durch folgende Punkte modifizieren lassen:

1. Relief und Höhenlage
2. Mikroklimatische Bedingungen
3. Belästigungsfaktoren
4. Art und Zusammenhang der Vegetation
5. Innere Verkehrserschliessung und Wegaufschluss
6. Flächennutzung durch die Landwirtschaft
7. Mikrostandortangebot an Flächen (Badeflächen, Liege-
   flächen, Sportflächen, Parkflächen u.a.)
8. Häufigkeit des Verkehrsanschlusses
9. Kapazität und Nutzungszustand von Einrichtungen
   der Infrastruktur
10. Kulturhistorische und technische Sehenswürdigkeiten

---

(1) SCHEMEL H.-J., 1974, S. 65.

(2) WEHNER W., 1972, S. 233; vgl. dazu auch: Teil B, Kap.1.2.5.1.

Insgesamt kann aus dieser Sammlung von Standortanforderungen
herausgelesen werden, dass der Schlüssel zur Auswahl planungsrelevanter Faktoren für die Bewertung der Erholungseignung
einer freien Landschaft in der Vielgestaltigkeit des Angebotes an Erholungsmöglichkeiten liegen muss. Schon OLSCHOWY
(1) hat festgehalten, dass zu dieser Vielgestaltigkeit auch
ein "ausreichendes Naturpotential" zu rechnen ist. Er nennt
dabei folgende Kombinationen von natürlichen Faktoren:

- bewaldete Höhen
- als Grünland genutzte Niederungen
- Waldlichtungen
- naturnahe Gewässer
- Grenzflächen von Wald und Flur
  sowie Wasser und Land.

Damit stellen die Kriterien wie Relief, Waldanteil, Exposition,
Landnutzungsform, vorhandene Gewässer sowie Wald- und Gewässerränder wichtige Ausgangsgrössen zur Standortfrage der Daseinsgrundfunktion "Sich Erholen" dar.

Die Vielgestaltigkeit schliesst Möglichkeiten ein sowohl

für ruhige Erholung (grosse Flächen, wenig Infrastruktur:
z.B. Wald und Wanderwege)

und für "gesellig-sportliche" Erholung (relativ kleine
Flächen, intensiv genutzt, Infrastruktur vorhanden:
z.B. Fitness-Parcours, Skipisten)

wie auch für Erholung in Anlagen mit künstlicher Ausstattung (viel Infrastruktur, konzentriert auf kleinen
Flächen: z.B. Freiluftbad, Tierpark).

Die Vielgestaltigkeit eines Erholungsraumes ist deshalb so
entscheidend, weil die Attraktivität eines bestimmten Gebietes oft den Impuls für eine bestimmte Aktivität auslöst.

Auch wenn sich im Beispiel Münchens nur ein geringer Prozent-
satz der Erholungssuchenden für "stille" Erholung (2) aus-

---

(1) OLSCHOWY G., 1969, S. 262.
(2) SCHEMEL H.-J., 1974, S. 67.

spricht, so sollte sich die Raumplanung nicht als gehorsame
Erfüllungshilfe der Mehrheit verstehen, sondern sie sollte
versuchen, nach längerfristig gültigen Kriterien zu suchen
und die wirklichen menschlichen Bedürfnisse zu berücksichtigen. Relevant wäre ein Kriterium, wenn ihm als Messgrösse
bestimmte (allgemein gewünschte) Funktionen zugeordnet
werden können.

Zusammenfassend gilt demnach, dass man den Wünschen der Bevölkerung nur gerecht wird, wenn sowohl "intensive" wie auch
"extensive" Erholungszonen bei planerischen Entscheiden beachtet werden. Allerdings können Qualität und Quantität der
wohnungsnahen Erholungsmöglichkeiten das Mass der Erholungsformen in der Landschaft beeinflussen.

3.2. Die Notwendigkeit von Bewertungsverfahren

KLOEPPER (1) bezeichnet die "Auswahl besonders geeigneter
Räume und Flächen für die Erholung" als Aufgabe von allgemei-
nem Interesse. In der sozialistischen Fachsprache klingt dies
folgendermassen: "Die zunehmende Bedeutung der Reproduktion
der Arbeitskraft unter den Bedingungen des wissenschaftlich-
technischen Fortschritts erfordert die planmässige Entwicklung von Territorien, die entsprechend den sozialistischen
Lebensbedürfnissen bei minimalem gesellschaftlichen und individuellen Aufwand die physische und psychische Wiederherstel-
lung der Arbeitskraft gewährleisten. Damit muss die Struktur
territorialer Einheiten einer Wertung unterzogen werden" (2).

Für die Auswahl besonders geeigneter Räume für die Erholung -
und gemeint sind damit jene Flächen, die durch ihre Viel-
seitigkeit ein weites Feld von Erholungsformen abdecken -
ist eine Bewertung der freien Landschaft unumgänglich. Nur

(1) KLOEPPER R., 1972, S. 3.
(2) WEHNER W., 1972, S. 232.

schon die finanziellen Engpässe und die knapp vorhandenen Land-
reserven zwingen zu Landschaftsbewertungen. Erholungseinrichtungen und Landschaftspflege erfordern sehr oft hohe Investitionen, so dass es gilt, das vorhandene Kapital gezielt
in den für die Freizeit und für die Erholung tatsächlich
geeigneten Räumen und Gebieten einzusetzen. Damit wird auch
dem Postulat "Konzentration der Erholungseinrichtungen" (1)
Beachtung geschenkt.

Um befriedigende Umweltbedingungen im Sinne einer optimalen
Flächennutzung zu erhalten oder zu schaffen, dient eine Be-
wertungsuntersuchung der Bestimmung des "brauchbaren" Land-
schaftsausschnittes, der nach Gestalt der einzelnen Land-
schaftselemente und deren Anordnung im Raum für den Aufent-
halt des Menschen in der freien Zeit geeignet ist, das
heisst der gewünschten Erholungsart dienen kann.

Somit liegt ein Ansatz für die zeitgemässe Gestaltung der
Erholungslandschaften, die das Landschaftsbild weder einsei-
tig konservierend noch übertrieben "technisierend" behandelt,
in einer pragmatischen Landschaftsbewertung, die die Brauch-
barkeit der Freiflächen für die verschiedenen Erholungsmöglichkeiten berücksichtigt. Die Grundausstattung des Freiraumes mit Erholungseinrichtungen, die die Attraktivität eines Gebietes wesentlich bestimmen, muss dabei das Schwergewicht bilden.

Mit SCHEMEL (2) kann festgehalten werden, dass die "Forderung nach Zonen für unterschiedliche Erholungsformen nicht
heissen soll, dass diese in ihrer Ausstattung extrem gegen-
sätzlich sind: Bestimmte Einrichtungen in den naturnahen
Räumen, ja sogar starke Eingriffe in der Art einer bewussten
Gestaltung müssen dem Charakter der Besinnung nicht zuwider-
laufen."

---

(1) HUEBLER K.-H., 1972, S. 5.
(2) SCHEMEL H.-J., 1974, S. 68.

Ohne Zweifel ist eine wesentliche Konsequenz aus der Ausweisung von Räumen für "extensive Erholung" deren besonders
hoher Flächenanspruch. Diese Erholungsform verlangt zusammenhängende, relativ grosse Gebiete mit möglichst geringen optischen, akustischen oder sonstigen Störelementen. Demzufolge müsste ein entsprechendes Bewertungsverfahren neben der
erwähnten Grundausstattung und Vielgestaltigkeit des Angebotes auch Störfaktoren berücksichtigen, die eine Verminde-
rung des Erholungswertes eines bestimmten Gebietes verursachen.

Die Verwirklichung der Bedarfsdeckung an Erholungsgebieten
scheitert leicht am Anspruch anderer Nutzungsformen, die ihre
Berechtigung deutlicher (weil objektiv messbar) in ökonomi-
schen Grössen ausdrücken können. So kann die Landwirtschaft
in Hektaren angeben, wieviel Land sie für eine bestimmte Pro-
duktionsart benötigt. Verkehrszählungen können allenfalls die
Notwendigkeit des Strassenbaus begründen. Der Bau einer Klär-
anlage oder einer Kehrichtverbrennungsanlage kann mit Zahlen
belegt werden. Die Schaffung neuer Arbeitsplätze durch eine
Industrieansiedlung lässt sich mit wirtschaftlichen Faktoren
untermauern. Der Wohnungsbau muss Schritt halten mit der Zunahme der Bevölkerung. Alle diese Funktionen besitzen mess-
bare Indikatoren.

Funktionen der räumlichen Umwelt für die Erholung sind jedoch
nicht direkt messbar. Die Einstufung eines Landschaftsaus-
schnittes in eine Eignungsskala ist problematisch - aber
trotzdem nötig für die Praxis. Die Bewertung der Erholungseignung der Landschaft ist demnach auch aus dieser Betrachtungsrichtung von grösster Wichtigkeit. Neben der herkömm-
lichen Planungspraxis, die vor allem Nutzungszuweisung auf
kommunaler Ebene ist, sind Bewertungsuntersuchungen aber auch
für die Richtplanung auf regionaler und kantonaler Ebene er-
forderlich (1). Dort geht es um die Festlegung von Gebieten,

---

(1) Es ist dabei z.B. an die Arbeiten des kantonalen Amtes

./.

die zufolge überörtlichen Interesses zu fixieren sind.

Diese Arbeit soll ein Beitrag sein zur Bewertung der Erholungseignung der Landschaft und damit den zuständigen Institutionen eine Entscheidungsgrundlage für "freizeit- und
erholungspolitische" Massnahmen bieten.

3.3. Die bisherigen Verfahren

Die Entwicklung von methodischen Ansätzen zur Bewertung
von Erholungsgebieten und Freizeiteinrichtungen begann in
den Vereinigten Staaten wesentlich früher als in Europa.
TUROWSKI (1) nennt dafür folgende Gründe:

- höherer Lebensstandard der U.S.-Bürger gegenüber west-
  europäischen Verhältnissen, der sich in grösserer Freizeit, höherer Mobilität und höheren frei disponiblen
  Geldmitteln der privaten Haushalte, d.h. in besserer
  Konditionierung für die Wahrnehmung eines Freizeit-
  angebotes, ausdrückt,

- Grössenordnung der Projekte in bezug auf Flächen-
  ansprüche und Kosten (z.B. Nationalparks, Stauseen) und

- entwickeltes föderalistisches System mit den damit ver-
  bundenen gegliederten Investitions- und Planungskompe-
  tenzen.

In Europa selbst sind in der Folge vor allem die beiden
deutschen Staaten mit Bewertungsverfahren für die Erholung
in den Vordergrund getreten. In der Schweiz wurde erst 1972
die Methode FINGERHUTH (2) bekannter. 1974 folgte das Teilleitbild "Landschaftsschutz" (3), das Eignungsbewertungen für
die Erholung beinhaltet.

---

(1) Fortsetzung: für Raumplanung, Zürich, zu denken, das ge-
    mäss PBG zur Erstellung von Richtplänen beauftragt ist;
    vgl. dazu: Teil D, Kap. 1.

(1) TUROWSKI G., 1972, S. 11.

(2) FINGERHUTH C., 1972.

(3) WINKLER E. u.a., 1974.

Bei allen Untersuchungen werden verschiedene Elemente des
Freiraumes einer Bewertung unterzogen, da die freie Landschaft Nutzungsobjekt für die Erholung ist (1).

Einige Autoren orientieren ihre Methode stärker unter forstwirtschaftlichen Aspekten (z.B. KIEMSTEDT, 1967, SCAMONI,
1969), andere (z.B. HARTSCH, 1970) haben Verfahren auf der
Basis wirtschaftlicher Theorien entwickelt.

Bei der Sichtung des Literaturmaterials fällt auf, dass Verfahren mit ähnlichen Zielsetzungen einen in grossen Zügen
übereinstimmenden Katalog von Bewertungsmerkmalen aufweisen.
Dies lässt den Schluss zu, dass die Auswahl der Bewertungs-
kriterien weit weniger problematisch, das heisst objektiver,
ist als die Wertung der einzelnen Faktoren. Es ist deshalb
richtig, wenn man zwischen der Auswahl der Merkmale, die in
der Regel rational nachprüfbar ist, und der Bewertung dieser
Merkmale unterscheidet. Diese Bewertung muss sich auf subjektive Erfahrungen und Schätzungen abstützen, da verlässliche
und detaillierte Nachfrageuntersuchungen weitgehend fehlen.

Durch die Erholungsnachfrage liesse sich aber ein Verfahren
"objektivieren", da die Entscheidungsfindung zur Gewichtung
der zu bewertenden Faktoren begründet werden könnte. Subjektiv ist nicht an sich "schlecht" oder "unwissenschaftlich".

_____

(1) An dieser Stelle muss nochmals auf die Tatsache hingewie-
    sen werden, dass nicht nur die freie Landschaft, sondern
    auch die allernächste Umgebung der Wohnung (Parks, Innen-
    höfe) oder die Wohnung selbst Nutzungsobjekt der Erholung
    sein kann. Im englischen Sprachgebrauch haben sich dafür
    die passenden Ausdrücke "Outdoor- bzw. Indoor-Recreation"
    eingebürgert. In der deutschen Sprache kennt man wohl den
    (allerdings wenig gebräuchlichen) Begriff "Freiraumerho-
    lung". Für die "indoor-recreation" müsste aber erst noch
    ein deutscher Ausdruck gefunden werden. "Erholung in ge-
    bauter Umgebung" scheint dafür wenig geeignet. Bei FEHM
    (1978) wird die "outdoor-recreation" mit "Freilufterho-
    lung" übersetzt - auch dies jedoch ein Begriff, der (noch)
    nicht weiter bekannt ist.

Es geht aber letztlich darum, ob subjektive Beurteilungen
der rationalen Kritik zugänglich gemacht werden - und damit
objektiver werden bzw. effektiv zutreffen.

Der Mensch als Erholungssuchender ist - das kommt in verschiedenen Bewertungsverfahren deutlich zum Ausdruck - der
grösste Problemfaktor. Seine Bedürfnisse, Ansprüche und
Wünsche sind derart vielfältig, das heisst sehr stark individuell geprägt, dass sie sich einer objektiven Erfassung
entziehen. Viele Methoden sind daher "von den subjektiven
Urteilen der Autoren und damit in ihrem Ergebnis von deren
Auffassung über den Begriff der Erholungseignung abhängig"
(1).

Die Zusammenstellung der Bewertungsverfahren, nach den Gesichtspunkten der Beschreibung und Wertung geordnet, bringt
einen guten Ueberblick zum Nutzen der einzelnen Verfahren
(2). Zieht man insgesamt eine negative Bilanz aus dieser
Zusammenstellung, so führt dies zu zahlreichen Gedanken
für neue Bewertungsansätze. Weitere wertvolle Hinweise finden sich in der Untersuchung von MOSIMANN (1976), die eine
vergleichende Studie zu fünf Bewertungsmethoden darstellt
(Methoden nach FARCHER, 1971, FINGERHUTH, 1972, KARLEN,
1973, KIEMSTEDT, 1973 und TUROWSKI, 1972).

Neben den Vorteilen der einzelnen Methoden interessieren vor
allem im Hinblick auf den Entwurf eines neuen Bewertungsverfahrens die besonderen Nachteile, von denen folgende bei-
spielhaft herausgegriffen seien:

- Ueberbewertung eines einzelnen Faktors
- undifferenzierter Erholungsbegriff
- keine Störelemente berücksichtigt
- zu geringes Gewicht der infrastrukturellen und
  kulturellen Ausstattung
- stark subjektive Bewertung

---

(1) WOLF R., 1976, S. 128.
(2) Vgl. dazu: Abb. 6.

Abb. 6: Zusammenstellung verschiedener Bewertungsverfahren und ihre Beurteilung

Autoren	\multicolumn{17}{c}{Beschreibung}																	\multicolumn{4}{c}{Wertung}			
	Nutzwertanalytischer Ansatz	Basis Gebietseigenschaften	Grundlage Besucheranalysen	dominant naturgeographisch	dominant kulturgeographisch	Verwendung v. Indikatoren	Erm.d. Zahlungsbereitschaft	Erm.d. Bedarfs an Erh.mögl.	Entwicklung v. Richtwerten	Attraktivitaetsermittlung	Bezugsbasis Gemeinde	"grosse Flaechen (>10km²)	"kleine Flaechen (<10km²)	Wertsetzung subj.-unbegr.	"intersubj. nachvollziehb.	veröffentlicht m. Beispiel	Methode bereits angewandt	Praktikabilitaet	Aussagekraft	brauchbar für Freizeit- und Erholungsplanung	brauchbar für Planung in Naherholungsgebieten
F.Becker		•		•	•		•	•		•					•	•	•	+	+	+	-
D.Berndt/H.Palme		•		•	•				•		•			•		•		o	-	-	-
F.Bichlmaier	•	•	•	•		•			•	•					•	•		o	o	+	o
W.Bitterlich	•	•	•		•	•				•				•		•		o	o	-	-
P.Dürk	•	•	•	•		•				•				•				-	o	-	-
E.Gundermann		•	•	•		•				•					•	•	•	-	o	o	o
U.Hanstein		•	•	•		•				•					•	•		+	o	o	o
E.Hartsch	•			•	•											•		-	+	-	-
H.Heyken	•	•	•		•	•	•	•	•	•					•			-	-	-	-
IFLOF	•	•	•		•		•		•	•			•		•	•	•	o	+	o	o
H.Kiemsted		•		•		•				•					•	•	•	+	o	+	o
J.Maier		•		•	•						•				•	•		o	+	+	o
K.Marold		•	•	•		•			•					•	•	•		-	o	o	-
K.Marquardt	•	•	•		•		•	•	•	•				•	•	•	•	o	+	o	o
W.Mrass/K.Bürger	•	•		•		•		•	•					•	•	•		-	o	o	o
H.Pabst	•	•	•		•		•		•	•				•	•			-	o	-	-
M.Prodan	•	•	•		•	•						•			•			-	o	o	-
M.Prodan	•	•			•	•						•			•			-	-	o	-
Klaus Ruppert		•	•	•	•	•				•				•	•	•		o	o	+	o
A.Scamoni/G.Hofmann		•	•	•	•					•				•	•	•	•	-	o	o	o
G.Speidel	•	•			•	•				•		•			•	•		-	o	o	-
G.Turowski	•	•		•	•	•				•	•				•	•	•	o	+	o	o

| | trifft zu

+ zufriedenstellend
o maessig zufriedenstellend
- nicht zufriedenstellend

Quelle: WOLF.R., 1976

- zu grosse Bewertungseinheit
- zu grobes Resultat im Verhältnis zum Zeitaufwand
- Ergebnis kaum aussagekräftig
- zu sehr regional geprägte Aussage.

Aus diesen Feststellungen lässt sich der Schluss ziehen, dass bei der Entwicklung von Bewertungsverfahren namentlich den Fragen der Praktikabilität und der dem Zweck der Untersuchung angemessenen Konzeption Beachtung zu schenken ist.

3.4. Das Konzept des Bewertungsmodells ERPLAN zur Bestimmung und Auswahl standortgünstiger Räume für die Naherholung

---

Der Entwurf eines Konzeptes, das alle Aspekte des komplexen Problems "Bewertung der Erholungseignung der Landschaft" erfassen soll, bereitet erhebliche Schwierigkeiten, muss doch abgeklärt werden, was alles mit dem Konzept erreicht werden muss und was vernachlässigt werden kann. Die durch die bisherigen Ausführungen gewonnenen Erkenntnisse lassen jedoch erkennen, dass für die Entwicklung des Modells "ERPLAN" (Erholungsplanung) im besonderen folgende Ueberlegungen massgebend sind:

1. Die bestehenden Standort- und Nutzungsmuster der Daseinsgrundfunktion "Erholung" im Untersuchungsraum müssen möglichst breit erfasst werden, was sich aus der Vielfalt der Standortansprüche zwangsläufig ergibt.

2. Entsprechend der Zielsetzung dieser Arbeit muss das Modell nach der Analyse des Raumes und der Bewertung ausgewählter Kennziffern vor allem die Festlegung eigentlicher Leitlinien für die Gebietsentwicklung erlauben (Zuordnung der Erholungsfunktion zu bestimmten Landschaftsausschnitten).

3. Zum Zweck der Rationalisierung der Planungstätigkeit muss das Modell methodisch verständlich sein. Es soll sich dabei an dem eingangs diskutierten Ansatz, der dieser Arbeit zugrundeliegt, orientieren (1).

---

(1) Vgl. dazu: Teil A, Kap. 2.

Die dem Bewertungsmodell ERPLAN zugeordnete Konzeption ist
aus der Abbildung 7 zu erkennen:

Abb. 7: Das Konzept des Bewertungsmodells ERPLAN

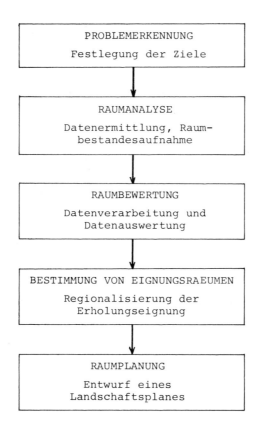

T E I L   C

(Empirischer Teil)

DAS BEWERTUNGSMODELL "ERPLAN"
ALS METHODE IN DER PRAXIS

1. DIE ANFORDERUNGEN AN DAS MODELL

1.1. Allgemeine Bemerkungen

Die Anforderungen an ein Bewertungsmodell sind zweifellos mehr-
dimensional. Sie betreffen sowohl Elemente aus dem Bereich
der konkreten Situation im Untersuchungsraum wie auch Fragen
der Zielsetzung und methodische Ueberlegungen. So spielen
nicht nur das natürliche und infrastrukturelle Angebot eine
wichtige Rolle, ebenso ist die Bedarfsstruktur einzubeziehen.
Im weiteren gilt es zu beachten, dass das Bewertungsverfahren
der Problemstellung gerecht wird, das heisst dem Zweck der
Untersuchung angemessen ist. Wenn folglich das Bewertungsmodell als Instrument für die planungshierarchisch übergeordnete Vorplanung und nicht für die Objektplanung dienen soll,
so ist zugleich gesagt, dass es im überkommunalen Bereich,
wo es u.a. auch um Fragen der Koordination von Planungen geht,
eingesetzt werden soll. Konkret heisst das, dass dieses Modell
als Methode Entscheidungshilfe für die Zuordnung der Freiflächen auf der Stufe der kantonalen Richtplanung sein soll.
Es muss dazu angemessene Aussagekraft besitzen.

Im methodischen Bereich müssen weitere Bedingungen erfüllt sein.
Ein planerisches Hilfsmittel muss praktikabel sein. Mit anderen
Worten ist die Bewertung nur dann durchführbar, wenn die Bearbeitung des Modells zu den verfügbaren Unterlagen und zu dem
zu leistenden Arbeitsaufwand in einem sinnvollen Verhältnis
steht. Die zu bearbeitenden Merkmale müssen somit (um das Verfahren praktikabel zu halten)

1. statistisch und kartographisch einfach zu erfassen
   sein und
2. möglichst auf eine überschaubare Zahl dominanter
   Grössen beschränkt bleiben.

Eine Methode ist aber nur dann anwendbar, wenn sie inter-
subjektiv nachvollziehbar ist. Die einzelnen Arbeitsschritte
müssen von einem nichtspezialisierten Fachmann verstanden werden. Wie ELSASSER (1) bemerkt, "muss der 'Rechengang' der
Bewertung des Raumes für eine bestimmte Nutzung nachvollziehbar, transparent und somit rationaler Kritik zugänglich sein".

Damit müssen die ausgewählten Kriterien im wesentlichen folgende drei Eigenschaften besitzen, um brauchbar zu sein (2):

1. Objektivität, d.h. die Ergebnisse sind von der
   Person des Auswertenden unabhängig.

2. Zuverlässigkeit, d.h. ein Merkmal muss exakt erfasst
   werden und bei wiederholter Messung zum identischen
   Resultat führen.

3. Validität, d.h. das Kriterium muss wirklich das messen, was es messen soll.

Ein derart konzipiertes Verfahren lässt auch zu (und dies
stellt eine weitere Anforderung dar), verschiedene Alternativen durchzurechnen und aus dem Kranz von Möglichkeiten die
"beste" Lösung herauszufiltern. Ein Bewertungsmodell ist dann
für die Planung ein besonders nützliches Hilfsmittel, wenn
auf die Einzelteile der Bewertung zurückgegriffen werden kann,
anderenfalls ist der Informationsverlust zu gross.

Ein Bewertungsverfahren muss zudem erlauben, Werturteile und
Kriterien auszutauschen. Damit wird es möglich, das Modell
jederzeit den sich verändernden Umweltbedingungen - ökologi-
schen, gesellschaftlichen, politischen und wirtschaftlichen -
anzupassen, was für eine Raumplanung, die sich als sogenannte
"rollende Planung" versteht, unumgänglich ist.

---

(1) ELSASSER H., 1975, S. 66.
(2) Nach BECHMANN A., 1974, zit. in: MEYER M., 1978, S. 3.

1.2. Der Einbau bestehender Raumstrukturen (Angebotsseite)

"Die Frage nach der Erfassbarkeit oder Messbarkeit des landschaftlichen Erholungspotentials bzw. auch der Eignung eines Ortes oder Gebietes für Freizeit und Erholung setzt eine Kenntnis über die zu bewertenden Grössen voraus. Grundsätzlich lassen sich zwei Gruppen geographischer Situationen unterscheiden: naturgeographische und kulturgeographische" (1). Entsprechend dieser Tatsache sind möglichst viele Kriterien, die die natürlichen und infrastrukturellen/kulturellen Elemente der Landschaft repräsentieren, zu verwenden, wenn eine differenzierte Verwendbarkeit erreicht werden will.

FINGERHUTH (2) nennt diese Vielzahl von Landschaftselementen und gliedert sie in folgende vier Gruppen:

1. Natürliche Voraussetzungen

   Reliefgliederung (Geländeform, Höhenlage, Hangneigung, Exposition)

   Klima (Niederschläge, Schneesicherheit, mittlere Temperaturen, Besonnung, Bewölkungsgrad, Nebelbildung, Windeinflüsse)

   Gewässer (Wasserflächen, Uferbeschaffenheit, Zugänglichkeit, rückwärtiger Raum, Wasserqualität)

   Landschaftliche Attraktion (Aussichtspunkte, Aussichtslagen, Schutzgebiete, Naturobjekte, Kulturobjekte)

2. Bodennutzung und Bewirtschaftung

   Wald (Flächenanteil, Geschlossenheit, Alter und Art der Bestände, Waldränder)

   Landwirtschaft (Anteil landwirtschaftlicher Nutzfläche, intensive Kulturen, Naturwiesen, extensiv genutzte Flächen, Ried, Streue, Torfland, Oedland)

   Besiedlung (Anteil Siedlungsfläche, Besiedlungsdichte, Siedlungscharakter)

---

(1) MAIER J., 1972, S. 12.

(2) FINGERHUTH C., 1972, S. 10 f.

3. Erholungsspezifische Einrichtungen

Flächen und Einrichtungen für den Sport (wassergebun-
dene Flächen und Anlagen, schneeabhängige Flächen
und Anlagen, übrige flächen- und ortsgebundene
Anlagen, übrige Sporteinrichtungen)

Erholungsflächen und -einrichtungen (Parks, Allmenden,
Lagerflächen, Campingplätze, Bäder, Rast- und
Picknickplätze, Wanderwege, Radwanderwege,
Parcours, Autowanderstrecken, Reitwege, Park-
plätze, Ausflugsziele wie Gaststätten und Tier-
parks)

4. Andere Einflussfaktoren

Erreichbarkeit (Verkehrslage, Distanz der Quellgebiete,
Erreichbarkeit mit privaten Verkehrsmitteln,
Erreichbarkeit mit öffentlichen Verkehrsmitteln)

Nach einer anderen Quelle (1) gelten als hervorstechende Merkmale eines "idealen" Naherholungsgebietes vor allem jene, die
zu den natürlichen Elementen einer Landschaft zu zählen sind:

a) Merkmale eines idealen Naherholungsgebietes im Sommer:
  - gute Besonnung und wenig Niederschläge
  - Vorhandensein von Gewässern zum Baden, schöner Aussicht,
    Spazier- und Wanderwegen, Waldflächen und interessanter
    Flora
  - reine Luft und möglichst keine störenden optischen Elemente
  - landschaftliche Schönheit und angenehmes Klima
  - Verpflegungsmöglichkeiten
  - gute Erreichbarkeit mit privaten und öffentlichen Ver-
    kehrsmitteln

b) Merkmale eines idealen Naherholungsgebietes im Winter:
  - bewegtes Relief
  - gute Besonnung, lange Sonnenscheindauer, aber trotzdem
    Schneesicherheit
  - Nebelfreiheit
  - Vorhandensein von Waldflächen
  - reine Luft
  - gute Lage des Skigebietes zum Ausgangsort
  - landschaftliche Schönheit und angenehmes Klima
  - Verpflegungsmöglichkeiten
  - gute Erreichbarkeit mit privaten und öffentlichen
    Verkehrsmitteln

---

(1) ELSASSER B. u.a., 1977, S. 172 f.

Wenn diesen referierten Kriterienkatalogen (1) die ausgewählten Eigenschaften, wie sie WEHNER (2) für sein Bewertungsverfahren aufführt, gegenübergestellt werden, so lassen sich deutliche Schwergewichte herauslesen. Geleitet durch die theoretischen Erkenntnisse (3) und durch diese Gegenüberstellung sieht für unsere Untersuchung die Gruppierung der Kriterien im Sinne einer ersten Auswahl folgendermassen aus:

Abb. 8: Gruppierung der erholungswirksamen Kriterien

Faktoren	natürliche Kriterien	infrastrukturelle und kulturelle Kriterien
1. Grundausstattung/Erholungseinrichtungen	Freiraum (Nicht-Siedlungsgebiet)	Anteil Siedlungsfläche, Parkplatz, Wanderwege, Rastplätze, Parcours, Gaststätten, Freiluftbad, Bootsvermietung, Skipisten, Radwanderwege, Reitwege, Tierparks, Campingplätze, Sportanlagen, Langlaufloipen
2. Landschaftliche Attraktionen	Aussichtspunkte, Naturobjekte	Kulturobjekte, Siedlungscharakter
3. Bodennutzung	Wald, Gewässer, Naturschutzgebiete, Vegetationstypen	Kulturland (Wiesen, Ackerland, Obstgärten), Naturwiesen, Weiden
4. Reliefenergie	Geländeform, Höhenlage, Hangneigung, Exposition	
5. Randeffekt	Waldrand, Gewässerrand	Zugänglichkeit (Wegaufschluss)
6. Störungen	Nebelhäufigkeit, Sonnenarmut	Industriegebiete, Abfallplätze, Verkehrsachsen, Lärm, Hochspannungsfreileitungen

---

(1) Es wurden exemplarisch zwei Kataloge ausgewählt

./.

1.3. Die Berücksichtigung der Raumansprüche (Nachfrageseite)

Der Einbau der Raumansprüche in das Bewertungsmodell ist bedeutend schwieriger, doch ist deren Berücksichtigung nötig (4). Die Entwicklung des Freizeit- und Erholungssektors hat zu konkreten Ansprüchen an den Raum geführt und zeigt eine zunehmende Differenzierung nach den verschiedenen Nutzungsgruppen und Erholungsaktivitäten, die im Planungsprozess beachtet werden müssen. In dieser Arbeit soll diesem Tatbestand dadurch Rechnung getragen werden, dass die Bewertung auf eine bestimmte Zielgruppe mit ihren spezifischen Ansprüchen ausgerichtet wird. Es betrifft dies die Grossstädter, die den Nahbereich städtischer Verdichtung benutzen wollen, da die geringe Lebensqualität in der wohnungsnahen Umgebung ein Bedürfnis nach Erholung in der freien Landschaft verursacht (5).

Diese Ausrichtung führt zu Mindestanforderungen bzw. zu einem Bündel dominanter Kriterien (für die Untersuchung ERPLAN betreffen sie Grundausstattung und Angebot an Erholungseinrichtungen) und zur Einkalkulierung von Störfaktoren. Somit ist die Situation im Untersuchungsraum entscheidend. Sie beeinflusst den Anspruch auf die Art der Erholung und die Zahl der Erholungssuchenden.

---

(1) Fortsetzung: (FINGERHUTH C. und ELSASSER B.). Es liessen sich weitere anfügen, doch wurde bewusst auf dessen Vorstellen verzichtet. Die zwei erwähnten bieten nämlich den grossen Vorteil, dass sie zu Bewertungsverfahren gehören, die in der Schweiz entwickelt worden sind.

(2) WEHNER W., 1972, S. 233/234.

(3) Vgl. dazu: Teil B, Kap. 4.1.

(4) Vgl. dazu: Teil B, Kap. 4.2.

(5) Statt lediglich die Raumansprüche der städtischen Bevölkerung (vgl. Teil B, Kap. 1.3.1.) theoretisch aufzuarbeiten, wäre von grösster gesellschaftspolitischer Bedeutung, wenn die Einwohner eines Ortes ihre Planungsansprüche zu Beginn planerischer Aktivitäten anmelden könnten. Damit würde dem Postulat "Demokratisierung der Raumplanung" (KNOEPFEL, 1977) besser Rechnung getragen.

Obschon gerade in jüngster Zeit wieder vermehrt eine Tendenz
"der Hinwendung zur naturnahen Landschaft" festzustellen ist,
so darf dies noch keinesfalls als dominanter Anspruch grosser
Bevölkerungskreise bewertet werden. Immerhin zeigt eine Untersuchung in Hamburg folgendes Bild der Wünsche von Wochenend-
ausflüglern (1): Es werden vor allem Bademöglichkeiten und
Wanderwege gewünscht (2). Anschliessend folgt eine Vielzahl
von Erholungseinrichtungen.

Für die Erholungsnutzung von Freiräumen, die direkt an städtischen Ballungsgebieten gelegen sind und auch noch den der Stadt
zugeordneten ländlichen Raum einbeziehen, treten nach unseren
Erfahrungen dagegen folgende Kriterien in den Vordergrund:
Waldanteil, Gewässeranteil, Reliefenergie, Freiräume, Wegaufschluss (Begehbarkeit der Erholungsgebiete), Erholungseinrichtungen für vielseitige Aktivitäten, Erreichbarkeit, Parkflächen
für den ruhenden Verkehr (3), Verpflegungsmöglichkeiten, Ruhe.

---

(1) Vgl. Abb. 9.
(2) ALBRECHT J., 1966, zit. in: FISCHER K., 1969, S. 294;
    vgl. Abb. 9.
(3) Dass der erholungssuchende Städter vor allem mit dem Auto
    in die Naherholungsgebiete fährt, konnten HAERING B. und
    WYDER R. (1977) im Reusstal nachweisen. So kommt etwa der
    Lenkung des Privatverkehrs grosse Bedeutung zu (Parkplätze
    längs von Hauptverkehrsachsen und rigorosere Handhabung
    der Fahrverbote in ländlichen Räumen).

Abb. 9:   Welche Erholungseinrichtungen wünscht der Wochenend-
          ausflügler?

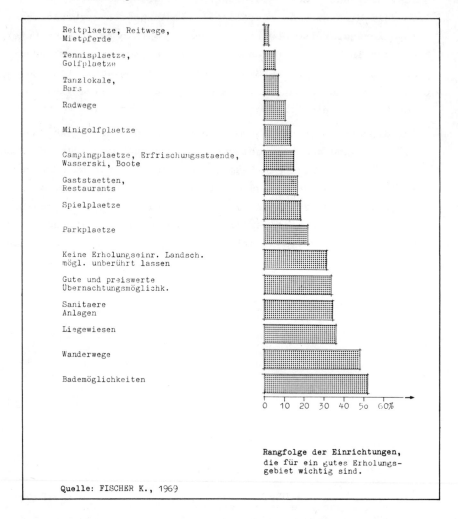

Quelle: FISCHER K., 1969

2.   DIE ARBEITSSCHRITTE NACH DEM BEWERTUNGSMODELL ERPLAN

Das Bewertungsmodell gliedert sich in fünf Abschnitte. Entsprechend können fünf Arbeitsschritte unterschieden werden:

Problemstellung

Raumanalyse

Bewertung der Erholungseignung

Ausscheidung von Erholungsgebieten

Entwurf eines Landschaftsplanes

1 In der Problemstellung wird davon ausgegangen, dass die
   Naherholung zunehmend an Bedeutung gewinnt, was raumpla-
   nerisch bedeutet, dass ausreichende Flächen und Einrichtungen für die Naherholung geschaffen bzw. freigehalten
   werden müssen. Das Ziel der Bewertung der Landschaft für
   die Erholung stellt die Bereitstellung von Grundlagen für
   die Planung dar.

2 Der nächste Schritt, die Raumanalyse, ist eine räumliche
   Bestandesaufnahme der Standort- und Nutzungsmuster. Das
   natürliche und infrastrukturelle Erholungsangebot des
   Untersuchungsgebietes wird vorgestellt.

3 Die Bewertung zerfällt in zwei Abschnitte:
   a) Auswahl der erholungswirksamen Faktoren für die Unter-
      suchung und deren kartographische Erfassung.
      Diesen Faktoren werden drei Erholungsarten zugeordnet:
      Sommer: . Erholung im Grünen
               . Erholung am Wasser
      Winter: . Erholung im Schnee

   b) Bestimmung der Erholungseignung
      Die Gewichtung der erholungswirksamen Faktoren, denen
      je eine bestimmte Anzahl Kriterien zugeordnet sind, er-
      folgt einzeln entsprechend der Erholungsart. Es wird mit
      einer ordinalen Skala gemessen und ordinal aggregiert.

Eine automatische Merkmalsanalyse mit anschliessender
Printerkartierung erlaubt eine Abstufung der Eignung
in sieben Typen.

4   Die Ausscheidung der Erholungsgebiete wird gemäss den Er-
gebnissen der Bewertung vorgenommen. Dabei werden lediglich
die besonders geeigneten Flächen berücksichtigt und nach
dem Prinzip der Grossräumigkeit und der naturgeographischen
Verhältnisse (Kammerung, Hügelketten) als Abgrenzungskriterien einer Regionalisierung Räume für die Erholung im Sommer, die Erholung im Winter und Räume mit allgemein erhöhter
Erholungsattraktivität ausgeschieden.

5   Für den Landschaftsrichtplan ist die Koordination mit anderen Planungen (Landwirtschaft, Forstwirtschaft, Naturschutz)
nötig, um anschliessend im Sinne der Schaffung oder Erhaltung möglichst ausgedehnter und zusammenhängender Erholungsgebiete bei der Konfrontation mit dem Siedlungsrichtplan
Leitlinien für die Gebietsentwicklung vorlegen zu können (1).

---

(1) Dieser fünfte und letzte Arbeitsschritt wird erst im Teil
    D, Kapitel 1, am Beispiel des Entwurfs des Siedlungs-
    und Landschaftsrichtplanes für den Gesamtplan des Kantons
    Zürich, dargestellt.

3. DIE BEARBEITUNG DES MODELLS ERPLAN

Unter Berücksichtigung der Anforderungen an das Modell sowie
der Arbeitsschritte wird nun das Verfahren ERPLAN exemplarisch an einem Landschaftsausschnitt des Zürcher Oberlandes
vorgestellt. Dieser Ausschnitt wurde ausgewählt, weil der
Landschaftscharakter jener Gegend sehr vielfältig ist. So
reicht das Spektrum von naturnahen Zonen über ländliche
Gebiete bis zur verstädterten Region. Zudem ist dieser Raum
zum Naherholungsbereich von Zürich und Winterthur zu zählen,
was der Ausrichtung der Bewertung auf die Zielgruppe der
Städter Genüge leistet.

3.1. Problemstellung und Zielsetzung der Bewertung

Aus dem System der Daseinsgrundfunktionen wird der Aspekt
"Erholung" herausgegriffen und wegen der konkreten Ansprüche
des Städters an den Raum genauer untersucht. Die Verknappung
des freien Gutes Erholungsraum führt zur planerischen Notwendigkeit, für die Erholungsfunktion besonders geeignete Flächen auszuscheiden. Dazu ist als Hilfsmittel das Bewertungsverfahren ERPLAN entwickelt worden, das Entscheidungsgrund-
lagen für die Landschafts(richt-)planung liefern soll. Konkret heisst dies für die Durchführung der Bewertung, dass
entsprechend den Anforderungen an das Modell folgende Fragestellungen beachtet und erfüllt werden müssen (1):

1 Welche Problemstellung liegt vor?
   Für die kantonale Richtplanung sind Erholungsgebiete zu
   bezeichnen.

2 Für welche Ansprüche soll bewertet werden?
   In erster Linie besteht die Nachfrage bei der städtischen
   Bevölkerung, z.B. für den Aktivitätskomplex Erholung im
   Grünen.

(1) Zum Teil stammt dieser Fragenkatalog aus der Sauerland-
    Studie von BECHMANN A. und KIEMSTEDT H., 1974, S. 191.

3   Welche Eigenschaften eines Gebietes erfüllen diese Ansprüche?

Der Anspruch, z.B. nach Erholung im Grünen, kann abgedeckt
werden dadurch, dass sich ein Gebiet durch landschaftliche
Vielfalt und einige spezifische Erholungseinrichtungen auszeichnet.

4   Aus welchen Faktoren setzen sich diese Eigenschaften zusammen?

Diese landschaftliche Vielfalt als besondere Eigenschaft
eines Erholungsgebietes erklärt sich beispielsweise aus
den Elementen Bodennutzung, Relief, landschaftliche Attraktionen sowie Wald- und Gewässerränder.

5   Mit welchen Kriterien sollen diese Faktoren erfasst werden?

Diese Faktoren können mit einer Vielzahl von Kriterien genauer bezeichnet werden (Kulturland, Naturwiesen, Naturschutzgebiete, Höhenlage, Exposition, Aussichtspunkte,
Naturobjekte, Waldränder, Gewässerränder), wobei allerdings die Anzahl der Kriterien, die für eine allfällige
Bearbeitung ausgewählt werden, in einem sinnvollen Verhältnis zum Arbeitsaufwand stehen muss.

6   Welche Messgrössen sind zu wählen?

Entsprechend dem Charakter der Kriterien kann gezählt werden (z.B. Anzahl Aussichtspunkte) oder es wird gemessen
(z.B. Waldrandlänge). Aufgrund der verfügbaren statistischen
und kartographischen Unterlagen ergeben sich die zu wäh-
lenden Messgrössen. Es wird gezählt bzw. gemessen, bezogen auf die Flächeneinheit eines Quadratkilometers.

7   Wie sind diese Messgrössen zu aggregieren?

Diese Messgrössen sind zu gewichten (Punkte je Kriterium).
Bei der Aggregierung zu Teilwerten (z.B. für den Faktor
Grundausstattung/Erholungseinrichtungen) erfolgt eine weitere Bewertung, die schliesslich zu einer Gesamtaussage
(z.B. Eignung für die Erholung im Grünen) führt. Um der
Unverhältnismässigkeit der Bewertungsoperationen in bezug
auf das Objekt der Bearbeitung auszuweichen, wird in dieser Methode lediglich mit einer ordinalen Skala gemessen
und auch ordinal aggregiert.

Diese Fragen müssen vor der Bewertung geklärt werden, damit
die oben geforderte Transparenz und Nachvollziehbarkeit einer
Methode gewährleistet ist. Diese Transparenz ist um so nöti-
ger, je differenzierter ein Bewertungsverfahren in der Praxis

Verwendung finden soll. Ebenso lassen sich dadurch wegen der
sich allenfalls ändernden Umweltbedingungen Kriterien aus-
tauschen und neue Ansprüche einbauen.

3.2.   Das natürliche und künstliche (infrastrukturelle/
         kulturelle) Erholungsangebot

Die kartographische Erfassung des Erholungsangebotes dient
dazu, einen Ueberblick zur Verteilung und Verbreitung bestehender Standort- und Nutzungsmuster zu gewinnen (1).
Dabei wird nach natürlichen und künstlichen Landschaftselementen unterschieden (2).

Natürliches Erholungsangebot:

Wald	Kulturland
Gewässer	Rebland
Freiraum (Nichtsiedlungsgebiet)	Naturschutzgebiete
Geländeform (Relief)	Aussichtspunkte

Künstliches Angebot:

Wanderwege	Radwanderwege
Parkplätze	Golfplätze
Fitnessparcours, Naturlehrpfade	Segelsport
Ausflugsrestaurants	Ausflugsbahnen
Freiluftbäder	Campingplätze
Bootsvermietungen	Rastplätze
Kulturobjekte	Langlaufloipen
Ortsbilder	Skilift, Skipiste, Schlittel-bahn

(1) Bei der Analyse des Planungsraumes (kartographische Erfas-
    sung) standen verschiedene Hilfsmittel zur Verfügung (Lan-
    deskarte 1:50'000, Grundplan zur kantonalen Verordnung zum
    Bundesbeschluss über dringliche Massnahmen auf dem Gebiete
    der Raumplanung vom 17. März 1972, Zonenpläne der Gemeinden,
    Deponiekonzept des Kantons Zürich, Wanderkarte des Kantons
    Zürich, Höhenkurven-Solokarte der Eidgenössischen Landes-
    topographie, Daten des Informationsrasters des Eidgenös-
    sischen Statistischen Amtes u.a.).

(2) Vgl. Karten 1 und 2, folgende Seiten.

Legende

- **Siedlungsgebiet**
- **Wald**
- **fliessende Gewässer**
- **Naturschutzgebiet**
- **Aussichtspunkte**
- **See**
- zugänglicher **Gewässerrand**

karte 1

0   1km   N

Das natürliche Erholungsangebot

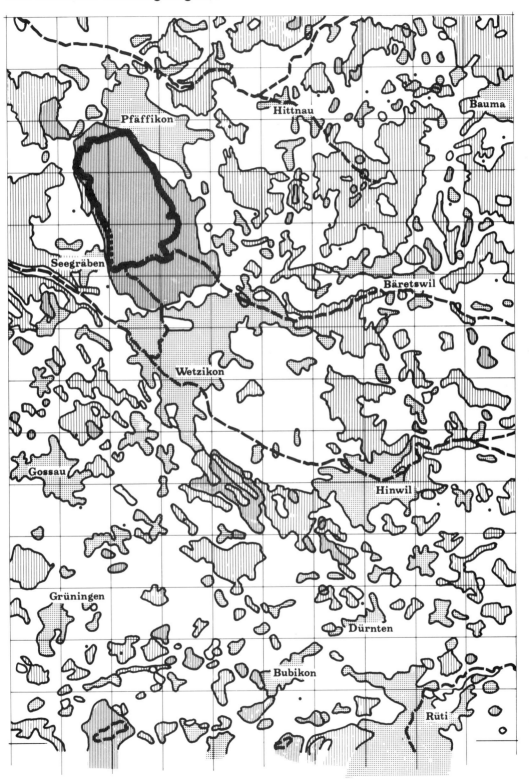

Pfäffikon

Hittnau

Bauma

Seegräben

Bäretswil

Wetzikon

Gossau

Hinwil

Grüningen

Dürnten

Bubikon

Rüti

Legende

SPORT:

● Fitness - Parcours
◑ Sporthalle
◑ Eisbahn
◓ Leichtathletikstadion
◠ Fussballstadion
○—○ Radwanderweg
‑‑‑‑ markierte Wanderwege
Ⓖ Golfplatz
⚠ Segelsport
Ⓥ Bootsvermietung
○ Freiluftbad
Ⓐ Hallenbad
Ⓢ Skisport (Lifte + Pisten)
Ⓦ Skiwandern (Loipen)

BILDUNG und KULTUR:

① Lehrpfade
▲ Altes Ortsbild
▴ Ortsmuseum
▼ Kulturobjekt
☎ Kursort mit eigener Geschäftsstelle
☎ Kursort mit auswärtiger Geschäftsstelle

UNTERHALTUNG:

Ⓩ Tierpark
△ Ausflugsrestaurants
Ⓒ Kino

WEITERE EINRICHTUNGEN:

Ⓧ Ⓧ Ausflugsbahn
∧ Campingplatz
■ Parkplätze
▪ Rastplätze

karte 2

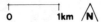

0   1km   /N\

Das künstliche Erholungsangebot

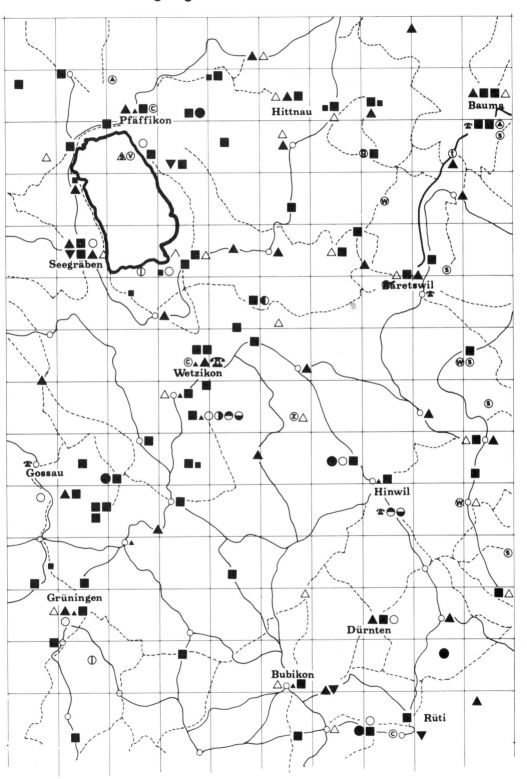

3.3. Die Bewertung der Erholungseignung der Landschaft

3.3.1. Die Auswahl der erholungswirksamen Faktoren und ihre kartographische Erfassung

Die Erholungseignung von Landschaftsräumen wird durch den Bestand an erholungsrelevanten natürlichen und künstlichen Landschaftselementen bestimmt. Für die Auswahl und damit die Beschränkung auf eine bestimmte Anzahl von Kriterien, die aus praktischen Gründen nötig sind, dient die Nachfragestruktur. Die städtische Bevölkerung mit ihren Ansprüchen stellt dabei wie erwähnt die hauptsächliche Zielgruppe dar. Insgesamt gilt es (trotz Beschränkung auf eine Auswahl von Kriterien), ein möglichst breites Spektrum von Aktivitäten abzudecken. Elementare und allgemeine Ansprüche sind hierfür ausschlaggebend, so dass diese unter folgenden Aspekten betrachtet werden:

1. Grundbedürfnis nach Entlastung durch Ruhe, Bewegung und sozialen Kontakt,
2. allgemeiner Beliebtheitsgrad einer Aktivität und
3. Betätigung ohne spezielle Ausbildung, Ausrüstung und Kosten.

Besondere Ansprüche für ein exklusives Anspruchsniveau wie Reiten und Golfspielen werden nicht berücksichtigt.

Als Aktivitätskomplexe kommen damit für diese Untersuchung in Frage:

- <u>Erholung im Grünen</u>   Wandern/Spazieren, Lagern, Fitness, Besichtigen von Sehenswürdigkeiten

- <u>Erholung am Wasser</u>   Schwimmen/Baden, Lagern, Rudern/Paddeln, Wandern/Spazieren, Besichtigen von Sehenswürdigkeiten

- <u>Erholung im Schnee</u>   Skifahren, Skiwandern, Schlitteln, Wandern/Spazieren, Besichtigen von Sehenswürdigkeiten.

Die Faktoren (jeweils mit je den einzelnen Kriterien), die
die genannten Aktivitäten ermöglichen und damit ein Naherholungsgebiet kennzeichnen, sind in sechs Gruppen gegliedert:

Abb. 10: Ausgewählte erholungswirksame Faktoren und Kriterien

Faktoren	Kriterien
1. Grundausstattung (GA)/ Erholungseinrichtungen (EE)	Freiraum markierte Wanderwege Parkplätze Parcours Ausflugsrestaurants Freiluftbäder Bootsvermietungen Skilift/Skipisten Langlaufloipen
2. Landschaftliche Attraktionen (LA)	Aussichtspunkte Kulturobjekte Ortsbilder
3. Bodennutzung (BN)	Wald Gewässer Kulturland (Wiesen/Aecker/Obst) Rebland Naturschutzgebiete
4. Reliefenergie (RE)	Geländeform Exposition Höhenlage
5. Randeffekt (RA)	Waldränder Gewässerränder Zugänglichkeit der Gewässer
6. Störungen (ST)	Industriegebiet Abfallplätze Hauptverkehrsachsen Schiessplätze

Die kartographische Aufnahme dieser Faktoren zeigen die folgenden 6 Karten (1). Diese insgesamt 28 Kriterien, gegliedert in
sechs Kriterienbündel (Faktoren) decken in genügendem Masse die
für diese Methode der Landschaftsbewertung geforderte Vielfalt einer Erholungslandschaft ab.

---

(1) Vgl. dazu: Karten 3 - 8; verwendete Hilfsmittel für die
    kartographische Aufnahme: vgl. Teil C, Kap. 3.2.

Legende

★ Tier - u. Naturparks

⬭ Siedlungsfläche

︿ Naturlehrpfade /
Fitness - Parcours

— Wanderwege

△ Ausflugsrestaurants

○ Freiluftbäder

Ⓥ Bootsvermietung

■ Parkplatz

⊢--⊣ Ski (Pisten + Lifte)

⌢⌣ Skiwanderloipe

karte 3

0 ⊢————⊣ 1km /N\

Grundausstattung und Erholungseinrichtungen

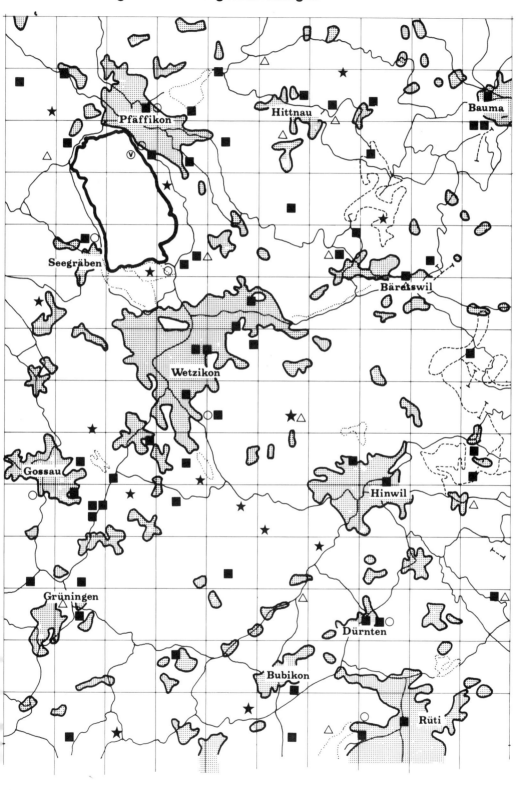

Legende

▼ Kulturobjekt
•   Aussichtspunkt
▲ Ortsbild
🅐 schützenswertes Ortsbild

karte 4

0 _____ 1km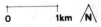

Landschaftliche Attraktionen

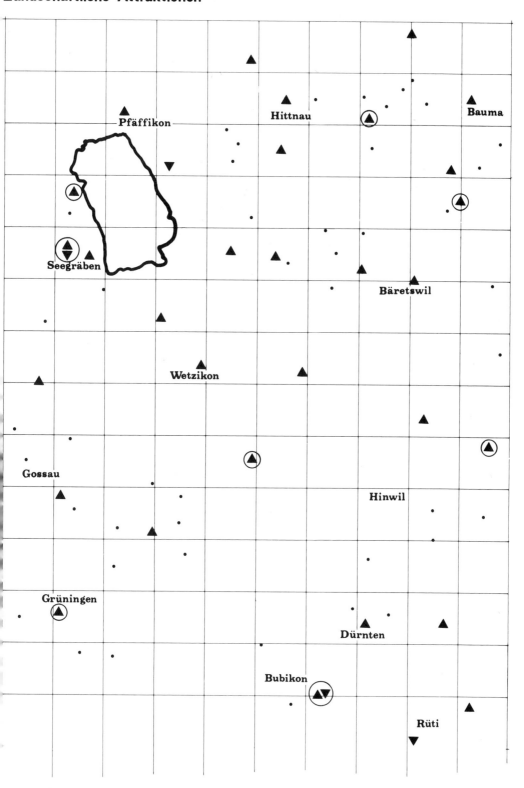

Legende

O Wald
⠴ Naturschutzgebiet
━ ━ Gewässer
⠿⠿⠿ Kulturland

karte 5

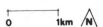

Bodennutzung

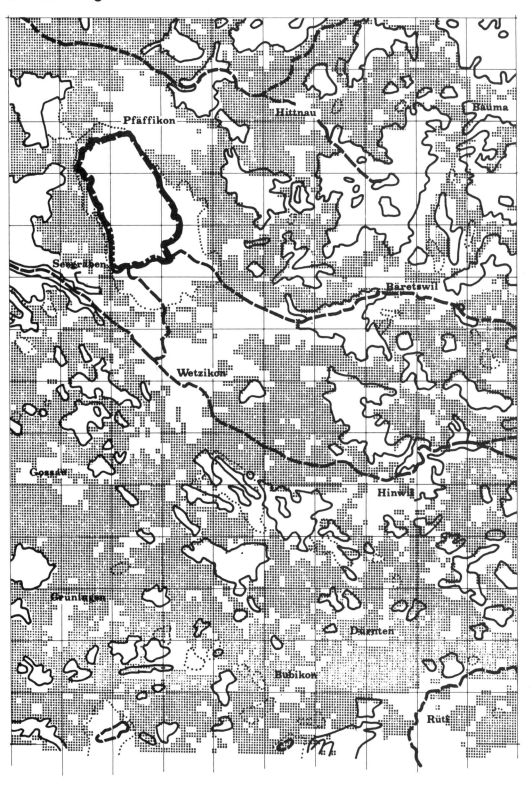

Legende

— Höhenkurven
(Aequidistanz 10/20m)

karte 6

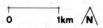

Reliefenergie

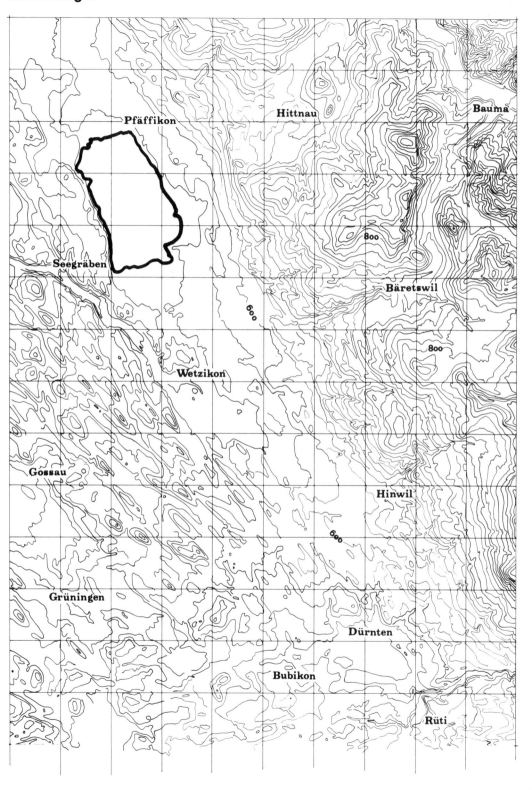

Legende

○ Waldrandlänge
▬▬ Gewässerrand
▪▪▪ Gewässerrand
     zugänglich

karte 7

0 ⊢——————⊣ 1km 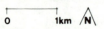 N

Randeffekt

Pfäffikon — Hittnau — Bauma

Seegräben — Bäretswil

Wetzikon

Gossau — Hinwil

Grüningen — Dürnten

Bubikon — Rüti

Legende

■ Industrie - u. Gewerbezone
△ Abfallplatz
Ⓢ Schiessplatz
══ Haupt –
── verkehrsachsen

karte 8

0 ├────┤ 1km /Ν\

Störungen

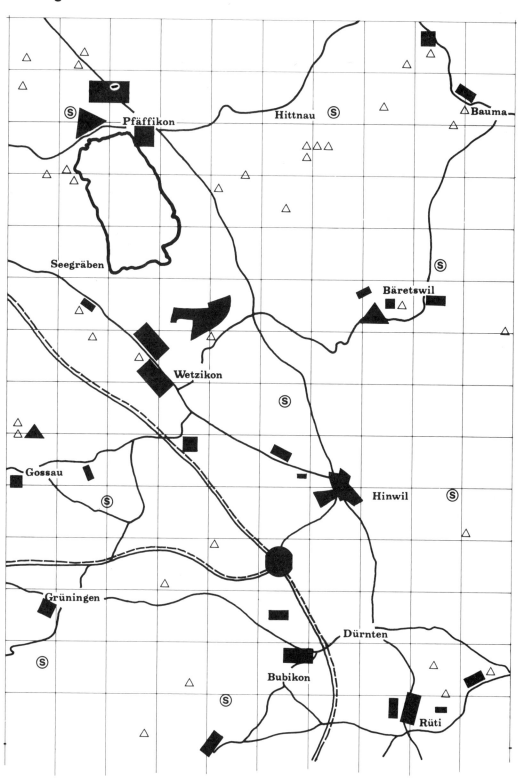

3.3.2.   Die Quantifizierung der Erholungseignung

Die bisherigen, meist nur qualitativ umschriebenen Urteile
über Schönheit, Attraktivität und Erholungseignung der Landschaft sollen durch dieses Verfahren konkretisiert werden.
Soweit wie möglich werden die bestimmenden Merkmale quanti-
tativ erfasst. Es wird zahlenmässig festgestellt, ob ein
bestimmtes Kriterium in der Einheitsfläche eines Quadratkilometers (1) vorhanden ist. Damit wird es möglich, die Unterschiede in der Ausstattung mit erholungswirksamen Faktoren
zu verdeutlichen, Räume gleicher Ausstattung abzugrenzen und
untereinander vergleichbar zu machen. Allerdings muss, wie
bereits erwähnt und auch BECHMANN (2) betont, die "Verhält-
nismässigkeit der Bewertungsoperationen" in bezug auf das
Objekt der Bearbeitung gewährt bleiben. Die Bewertungsstruktur soll demnach so gewählt werden, dass ordinal gemessen und
aggregiert wird.

Bei der Messung und anschliessenden Gewichtung werden die verschiedenen, ausgewählten Faktoren und Kriterien in dimensions-
lose Werte übergeführt. Diese Werte bzw. Anzahl Punkte haben
den Charakter einer Relativgrösse, da subjektive Entscheidungen die Umsetzung beeinflussen. Anders ausgedrückt heisst dies,
dass verschiedene dimensionierte Messwerte (Länge in Kilome-
tern, Höhendifferenz in Metern, Flächenanteile in Prozenten,
Anzahl des Vorkommens) über eine subjektive Wertung (Gewich-

---

(1) Es stellt sich bei Bewertungsverfahren immer die Frage,
    über welche Fläche eine solche Bewertung durchgeführt wer-
    den soll. Ist ein Untersuchungsgebiet vorgegeben, so stehen
    grundsätzlich drei Möglichkeiten offen (nach MEYER M., 1978,
    S. 4):
    1. das Untersuchungsgebiet wird als Ganzes betrachtet,
    2. das Untersuchungsgebiet wird mittels eines Rasters in
       viele flächenmässig gleiche Quadrate aufgeteilt oder
    3. das Untersuchungsgebiet wird in Flächen verschiedener
       Form und Grösse aufgeteilt, welche nach ökologischen
       und/oder naturräumlichen Kriterien definiert werden.

(2) BECHMANN A. und KIEMSTEDT H., 1974, S. 192.

tung) auf eine <u>wertneutrale Skala</u> transformiert werden (Aggregierung zu Teilwerten) (1).

Die Teilwerte (Gütestufen 1 - 5) werden jeweils auf die Rastereinteilung von einem Kilometer Seitenlänge bezogen, was dann -
nach einer Klassifikation der einzelnen Teilwerte je Rasterfeld - eine Verteilung der verschiedenen geeigneten Flächen
ergibt (Merkmalsanalyse). Diese neuen Werte (Gütestufen A -
G) können dann qualitativ interpretiert werden (gute und
schlechte Eignung).

Obschon die Landschaft durch die Schablone des km^2-Rasters
betrachtet wird, sind die Eigenschaften gegeben, die eine
"brauchbare Bewertungsstruktur" (2) aufweisen sollten.

Das Prinzip der Bewertungsstruktur (3) findet sich bereits in
der von BOESCH (4) beschriebenen, in den USA für Planungsarbei-

---

(1) Auch KILCHENMANN A. (1978, S. 1) wies auf das Problem des
    Numerisierens und Quantifizierens in der Geographie hin,
    indem sich qualitative Merkmale (die neben den quantitativen ebenfalls erfasst werden müssen) erst über Nominal- oder
    Ordinalskalen oder "pseudometrische" Skalen numerisieren
    lassen und anschliessend mit einer numerisch-analytischen
    Methode bearbeiten lassen.

(2) Sie lauten:
    "1. Eine gute Bewertungsstruktur muss den zwischen den einzelnen Kriterien, Gruppen und Verbänden bestehenden
        Beziehungen Rechnung tragen.
     2. Ihr formaler Aufbau muss (leicht) durchschaubar sein.
     3. Wertungen sollten, soweit möglich, deutlich erkennbar
        sein.
     4. Die formale Stringenz der Bewertungsaussagen soll sich
        an den bewertenden Inhalten orientieren und diese nicht
        vergewaltigen.
     5. Die formale Bewertungsstruktur soll flexibel sein.
     6. Das Bewertungsverfahren soll zu differenzierten Aussagen führen.
     7. Das Bewertungsverfahren soll dazu führen, dass ein zu
        bewertendes Gebiet in qualitativ unterschiedliche Teilgebiete zerlegt werden kann (nach BECHMANN A. und KIEM
        STEDT H., 1974, S. 195)."
(3) Vgl. dazu: Abb. 11.
(4) BOESCH H., 1977, S. 138.

Abb.11: Schema der Bewertungsstruktur (aufgezeigt am Beispiel "Erholung im Grünen")

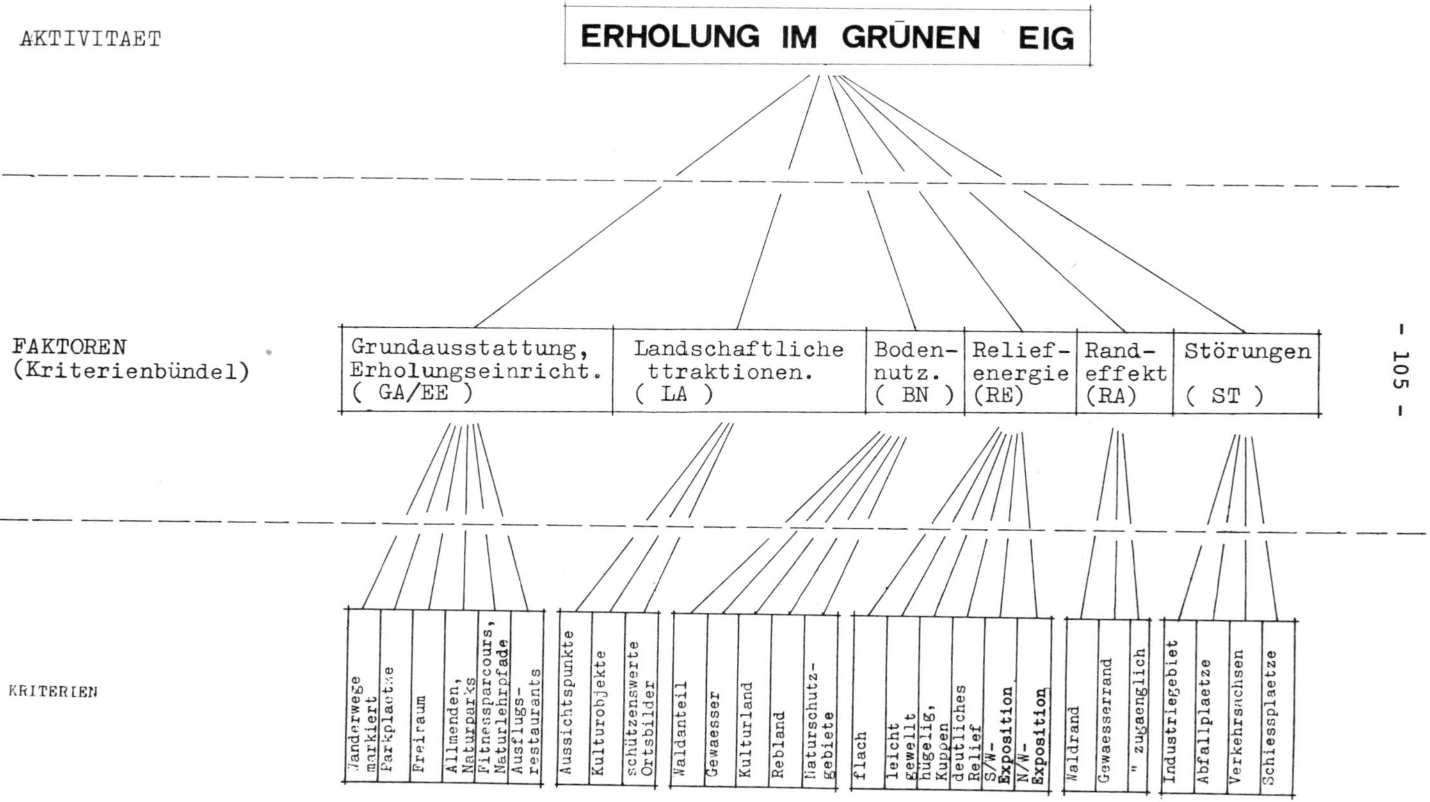

AKTIVITAET

ERHOLUNG IM GRÜNEN EIG

FAKTOREN (Kriterienbündel)

| Grundausstattung, Erholungseinricht. (GA/EE) | Landschaftliche ttraktionen. (LA) | Boden- nutz. (BN) | Relief- energie (RE) | Rand- effekt (RA) | Störungen (ST) |

KRITERIEN

- Wanderwege markiert
- Parkplaetze
- Freiraum
- Allmenden, Naturparks
- Fitnessparcours, Naturlehrpfade
- Ausflugs-restaurants

- Aussichtspunkte
- Kulturobjekte
- schützenswerte Ortsbilder

- Waldanteil
- Gewaesser
- Kulturland
- Rebland
- Naturschutz-gebiete

- Flach
- leicht Gewellt
- hügelig, Kuppen
- deutliches Relief
- Exposition S/W-
- Exposition N/W-

- Waldrand
- Gewaesserrand
- "zugaenglich"

- Industriegebiet
- Abfallplaetze
- Verkehrsachsen
- Schiessplaetze

ten entwickelten und von KIRCHEN (1) in der Schweiz angewendeten Einheitsflächenmethode (2). Was die konkrete Datenaufnahme und den eigentlichen Rechengang betrifft, sind allerdings erhebliche Modifikationen vorgenommen worden.

3.3.2.1. Die Gewichtung der erholungswirksamen Faktoren

Die Bewertungsstruktur für das Modell ERPLAN ist dreistufig (3). Eine erste Gewichtung erfolgt auf der untersten Stufe, jener der einzelnen Kriterien. Die Anzahl der Kriterien schwankt von 25 (Erholung im Schnee) bis 28 (Erholung im Grünen). Für die Bewertung der Erholung am Wasser dienen 26 Kriterien.

Jedem Kriterium wird eine bestimmte Punktzahl zugeordnet, entsprechend der Zugehörigkeit zum Bewertungsgang Erholung im Grünen (EIG), Erholung am Wasser (EAW) oder Erholung im Schnee (EIS). Als zweckmässiger Ansatz zu dieser Gewichtung wurde wiederum die oben genannte Bedarfsstruktur gewählt (4).

---

(1) KIRCHEN E., 1949.

(2) "Die Einheitsflächenmethode sagt aus, dass zuerst ein Satz geosphärischer Elemente, welche sich gut beobachten lassen und wichtig sind, ausgewählt und für jedes Element eine entsprechende Skalenreihe aufgestellt wird. (...) Alle auf diese Weise erfassten Oertlichkeiten, welche dieselben Zahlen- und Buchstabenkombinationen aufweisen, gehören nach Definition dem gleichen Typ an. Es ist durchaus möglich, durch stufenweise Generalisation zu einer Zusammenfassung der Einheitsflächen zu grösseren Einheiten und damit zu einer hierarchischen Ordnung von Landschaftseinheiten zu kommen. Es ist jedoch wichtig zu beachten, dass auch eine in dieser Weise objektive Landschaftsuntersuchung und Generalisierung der Ergebnisse anfänglich auf einer durch subjektiven Entscheid getroffenen Auswahl von Kriterien beruht" (nach BOESCH H., 1969, S. 149/150).

(3) Letzte Stufe der Bewertung: vgl. Teil C, Kap. 3.3.2.2.

(4) Vgl. dazu: Teil C, Kap. 1.3.

Dabei gilt als Massstab, ob das einzelne Kriterium die Funktion "EIG", "EAW" oder "EIS" schlecht, mittelmässig oder gut
erfüllen kann. Jedes Kriterium wird als einzelne Variable
betrachtet.

Der zweite Schritt der Gewichtung führt zur Aggregierung dieser Punkte zu einem Teilwert je Faktor (bzw. je Kriterienbündel). Demzufolge wird jeder dieser Faktoren (GA/EE, LA,
BN, RE, RA, ST) einer Güteklasse zwischen 1 - 5 zugeteilt (1).
Der Bedeutungsgehalt einzelner Kriterien und Faktoren ist
somit abhängig von den inhaltlichen Ueberlegungen, die diesen aufgrund der Nachfrage zugemessen werden.

Die Basis für die praktische Durchführung der Eignungsbewertung bildet die Messung der Kriterien, die ja gewissermassen
die zu bewertende Landschaft repräsentieren. Wie aus den Tabellen zur Gewichtung der erholungswirksamen Faktoren und Kriterien zu erkennen ist, wird sowohl ordinal gemessen als auch
ordinal aggregiert, wobei dieser Messvorgang immer auf den
Raster 1x1 km bezogen ist und der Massstab 1:50'000 als Basis
der Erhebung dient.

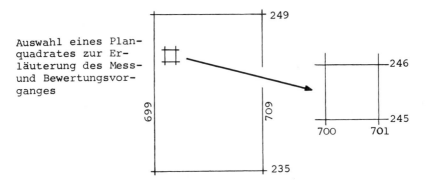

**Auswahl eines Plan-
quadrates zur Er-
läuterung des Mess-
und Bewertungsvor-
ganges**

---

(1) Vgl. dazu: Tab. 4 - 6 .

Tab. 4:
GEWICHTUNG DER ERHOLUNGSWIRKSAMEN FAKTOREN UND KRITERIEN FÜR

ERHOLUNG IM GRÜNEN (EIG)

ERHOLUNGSWIRKSAME FAKTOREN	KRITERIEN	MESSUNG				GEWICHTUNG	AGGREGIERUNG ZUM TEILWERT (Aufsummierung der Punkte)	Teilwert
		vorhanden	Flächenanteil	Länge km	△ h in m			
GRUNDAUSSTATTUNG (GA) und ERHOLUNGSEIN-RICHTUNGEN (EE)	Wanderwege markiert	x				2	7 und mehr Punkte	1
	Parkplätze	x				1		
	Freiraum 90 - 100 %		x			3	4 - 6 Punkte	2
	(nicht überbautes 66 - 90 %		x			2		
	Gebiet) 33 - 66 %		x			1	unter 4 Punkten	3
	unter 33 %		x			0		
	Allmenden, Naturparks	x				1		
	Fitnessparcours, Naturlehrpfade	x				1		
	Ausflugsrestaurants	x				1		
LANDSCHAFTLICHE ATTRAKTIONEN (LA)	Aussichtspunkt	x				2	4 und mehr Punkte	1
	Kulturobjekt	x				1	2 und 3 Punkte	2
	schützenswertes Ortsbild	x				2	unter 2 Punkten	3
BODENNUTZUNG (BN)	Waldanteil über 50 %		x			3	über 8 Punkte	1
	unter 50 %		x			2	7 und 8 Punkte	2
	Gewässer See	x				3	5 und 6 Punkte	3
	Fluss	x				2	3 und 4 Punkte	4
	Kulturland	x				2	unter 3 Punkten	5
	Rebland	x				2		
	Naturschutzgebiet	x				2		
RELIEFENERGIE (RE)	flach 0 - 20 m				x	1	4 Punkte	1
	leicht gewellt 21 - 60 m				x	2		
	hügelig, Kuppen 61 - 120 m				x	2	3 Punkte	2
	deutliches Relief über 120 m				x	1	2 Punkte	3
	S/W-Exposition	x				2		
	N/E-Exposition	x				1		
RANDEFFEKT (RA)	Waldrand 1 x			x			über 7 km	1
	Gewässerrand 2 x			x			5 - 7 km	2
	zugänglich 4 x			x			3 - 5 km	3
							1 - 3 km	4
							unter 1 km	5
STÖRUNGEN	Industriegebiet	x				1	0 Punkte	1
	Abfallplätze, Abbaugeb., Deponien	x				1	1 Punkt	2
	Hauptverkehrsachsen, Freileitungen	x				1	mehr Punkte	3
	Schiessplatz	x				1		

Tab. 5:

GEWICHTUNG DER ERHOLUNGSWIRKSAMEN FAKTOREN UND KRITERIEN FÜR

ERHOLUNG AM WASSER (EAW)

ERHOLUNGSWIRKSAME FAKTOREN	KRITERIEN		vorhanden	Flächenanteil	Länge km	$\triangle$ h in m	GEWICHTUNG	AGGREGIERUNG ZUM TEILWERT (Aufsummierung der Punkte)	Teilwert
GRUNDAUSSTATTUNG (GA) und ERHOLUNGSEIN-RICHTUNGEN (EE)	Wanderwege markiert		x				2	9 - 12 Punkte	1
	Gewässer		x				3		
	Parkplätze		x				1	7 und 8 Punkte	2
	Freiraum	mehr als 2/3		x			2		
	(nicht überbautes 1/3 -	2/3		x			1	unter 7 Punkten	3
	Gebiet)	unter 1/3		x			0		
	Freiluftbad		x				2		
	Bootsvermietung		x				1		
	Ausflugsrestaurants		x				1		
LANDSCHAFTLICHE ATTRAKTIONEN (LA)	Aussichtspunkt		x				2	3 Punkte	1
	Kulturobjekt		x				1	2 Punkte	2
								0 - 1 Punkte	3
BODENNUTZUNG (BN)	Wald		x				1	4 und mehr Punkte	1
	Gewässer	See	x				4	3 Punkte	2*)
		Fluss, Bach	x				2		
	Kulturland		x				1	unter 3 Punkten	3
	Naturschutzgebiet		x				1		
RELIEFENERGIE (RE)	flach	0 - 20 m				x		4 Punkte	1
	leicht gewellt	21 - 60 m				x		3 Punkte	2
	hügelig, Kuppen	61 - 120 m				x			
	deutliches Relief über 120 m					x		0 - 2 Punkte	3
	S/W-Exposition		x						
	N/E-Exposition		x						
RANDEFFEKT (RA)	Gewässerrand	2 x				x		über 3 km	1
	zugänglich	4 x				x		1 - 3 km	2
								zw.0 und 1 km	3
								0 km	4
STÖRUNGEN	Industriegebiet		x				1	0 Punkte	1
	Abfallplätze, Abbaugeb., Deponien		x				1	1 Punkt	2
	Hauptverkehrsachsen, Freileitungen		x				1	über 1 Punkte	3
	Schiessplatz		x				1		

*) Teilwert 2 nur, wenn Gewässer vorhanden

Tab. 6:

GEWICHTUNG DER ERHOLUNGSWIRKSAMEN FAKTOREN UND KRITERIEN FÜR

ERHOLUNG IM SCHNEE (EIS)

ERHOLUNGSWIRKSAME FAKTOREN	KRITERIEN	MESSUNG				GEWICHTUNG	AGGREGIERUNG ZUM TEILWERT Aufsummierung der Punkte	Teilwert
		vorhanden	Flächenanteil	Länge km	Δh in m			
GRUNDAUSSTATTUNG (GA) und ERHOLUNGSEIN-RICHTUNGEN (EE)	Wanderwege markiert	x				2	7 - 10 Punkte	1
	Parkplätze	x				1		
	Freiraum 90 - 100 %		x			3	4 - 6 Punkte	2
	(nicht überbautes 66 - 90 %		x			2		
	Gebiet) 33 - 66 %		x			1	unter 4 Punkten	3
	unter 33 %		x			0		
	Skilift/Skipisten/Schlittelbahn	x				2		
	Loipe	x				1		
	Ausflugsrestaurants	x				1		
LANDSCHAFTLICHE ATTRAKTIONEN (LA)	Aussichtspunkt	x				2	3 Punkte	1
	Kulturobjekt	x				1	2 Punkte	2
	schützenswertes Ortsbild	x				2	0 - 1 Punkte	3
BODENNUTZUNG (BN)	Wald unter 1/3		x			2	4 Punkte	1
	1/3 - 2/3		x			1		
	über 2/3		x			0	3 Punkte	2
	Kulturland über 2/3		x			2		
	1/3 - 2/3		x			1	0 - 2 Punkte	3
	unter 1/3		x			0		
RELIEFENERGIE (RE)	flach 0 - 120 m				x	1	5 und mehr Punkte	1
	leicht gewellt 21 - 60 m				x	2		
	hügelig, Kuppen 61 - 120 m				x	3	3 und 4 Punkte	2
	deutliches Relief über 120 m				x	3		
	S/W-Exposition über 800 m	x				3	unter 3 Punkten	3
	N/E-Exposition über 800 m	x				2		
	S/W-Exposition unter 800 m	x				2		
	N/E-Exposition unter 800 m	x				2		
RANDEFFEKT (RA)	Waldrand 1 x			x			über 3 km	1
	Gewässerrand 1 x			x			1 - 3 km	2
							unter 1 km	
STÖRUNGEN	Industriegebiet	x				1	0 Punkte	1
	Abfallplätze, Abbaugeb., Deponien	x				1	1 Punkt	2
	Hauptverkehrsachsen, Freileitungen	x				1	über 1 Punkt	3
	Schiessplatz	x				1		

Aus dem gewählten Landschaftsausschnitt des Zürcher Oberlandes wird exemplarisch ein Planquadrat ausgewählt (siehe
oben). Die Bewertung dieses Rasterfeldes erfolgt (wiederum
als Beispiel) für den Aktivitätskomplex Erholung im Grünen
(EIG).

Die kartographische Aufnahme, die Messung der einzelnen,
für die Erholung im Grünen relevanten Faktoren bzw. Kriterien
und deren Gewichtung und Aggregierung zu den einzelnen Teilwerten kann aus der Abbildung 12 entnommen werden.

Das Ergebnis der ersten zwei Phasen des Bewertungsvorganges
(Gewichtung und Aggregierung zu Teilwerten gemäss Tabelle 4)
sieht für das ausgewählte Planquadrat von Seite 107 folgendermassen aus:

Die Bewertung dieses Planquadrates erfolgte für den Aktivitätskomplex Erholung im Grünen. Bewertet man das gleiche Rasterfeld für die beiden anderen Erholungsarten (Erholung am Wasser, Erholung im Schnee), so ergibt sich folgendes Bild:

Erholung am Wasser				**Erholung im Schnee**		
2	1	1		2	1	2
2	1	2		2	2	2

Abb. 12: Mess- und Bewertungsvorgang am Beispiel des ausgewählten Planquadrates von Seite 107 (Erholungsart: Erholung im Grünen)

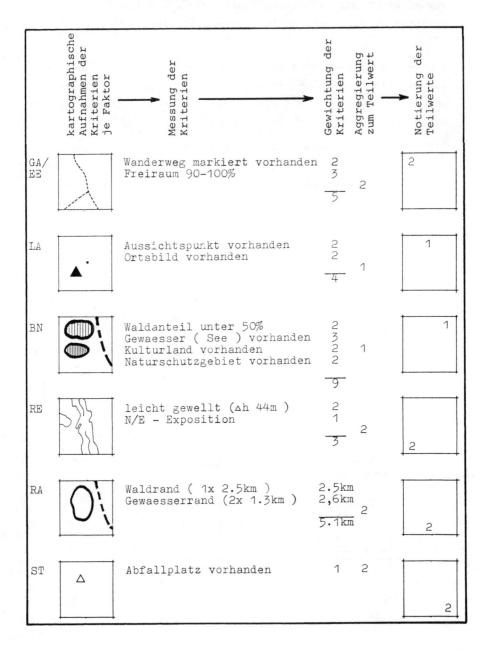

Der manuell zu bearbeitende Teil der Bewertung ist damit
abgeschlossen. Es liegen drei Tafeln mit den Notierungen
der Teilwerte vor (1).

3.3.2.2. Die Merkmalsanalyse im Quadratkilometer-Raster

Die Struktur der Merkmalsanalyse (2) setzt sich aus zwei
Teilschritten zusammen. Diese zwei Arbeitsphasen stellen die
letzte Stufe im Bewertungsprozess dar (3), das heisst, dass
nach der Gewichtung der Kriterien und Bestimmung der Teilwerte pro Faktor eine Klassifikation der einzelnen Plan-
quadrate des km^2-Rasters anschliesst. Diese Klassifikation,
die einer Typisierung der Rasterfelder gleichkommt, bringt
eine Güteeinstufung der Messaussagen auf der Ebene der Aktivitätskomplexe zur Erholung im Grünen (EIG), Erholung am Wasser (EAW) und Erholung im Schnee (EIS). Dabei wird die elektro-
nische Datenverarbeitung zu Hilfe genommen.

Die Analyse dieser Merkmale (Teilwerte pro erholungswirksamen
Faktor GA/EE, LA, BN, RE, RA und ST) ist wiederum auf ein
Rasterfeld im km^2-Koordinatennetz bezogen; insofern entspricht
ein km^2-Feld einem Geländepunkt als statistische Einheit.

Es wurden für diese Analyse zwei Arbeitsschritte gewählt, da
für den Uebergang von den Teilwerten zu den Gesamtwerten (von
der Qualität der Faktoren zur Eignung für eine bestimmte Aktivität) ein Filter eingebaut wurde. Die Funktion dieses Filters
erklärt sich aus der Anforderung, dass vor einer endgültigen
Zuweisung zu einer Güteklasse ein sogenanntes "Mindestanspruch-
niveau" (4) für die einzelnen Erholungsarten (EIG, EAW und EIS)

---

(1) Vgl. dazu: Abb. 19 - 21, Anhang.
(2) Vgl. dazu: Abb. 13.
(3) Vgl. dazu: Abb. 11.
(4) Vgl. dazu: Teil C, Kap. 1.3.

erreicht sein muss. Bei der Methode ERPLAN wurde dafür der
Faktor Grundausstattung/Erholungseinrichtungen (GA/EE) mit
seinen einzelnen Kriterien gewählt. Er umfasst alle diejenigen Standards, die vorhanden sein müssen, damit überhaupt eine
der betreffenden Aktivitäten in einem Bewertungsquadrat ausgeübt werden kann. Ein Bewertungsquadrat ist somit genau dann
für die Ausübung einer gegebenen Aktivität geeignet, wenn in
ihm die für das Anspruchsniveau dieser Aktivität (EIG, EAW
und EIS) relevanten Kriterien (zusammengefasst im Faktor
Grundausstattung/Erholungseinrichtungen GA/EE) in einem Ausmass auftreten, das die im Mindestanspruchsniveau festgelegten
Standards erreicht oder übersteigt.

Für den Aktivitätskomplex "EIG" müssen beispielsweise die
Kriterien des Faktors "GA/EE" bei der Aggregierung den Teilwert "1" erreichen, um zum Grundtyp "I" (gute Eignung) zugeordnet werden zu können (1). Mit anderen Worten muss ein Planquadrat folgenden Anforderungen genügen:

- viel Freiraum vorhanden (allenfalls mit Allmenden
  oder Naturparks) und
- möglichst viel Infrastruktur aus dem Kriterienbündel
  GA/EE (Wanderwege, Parkplätze, Fitnessparcours, Naturlehrpfade, Ausflugsrestaurants).

Anders sieht die Situation bei "EAW" aus, wo neben dem vorhandenen Freiraum die Kriterien Gewässer, Freiluftbad und Bootsvermietung in den Vordergrund treten. Für die Erholungsart "EIS"
spielen Einrichtungen wie Skilift, Sesselbahnen, Schlittel-
bahnen und Loipen in Kombination mit viel Freiraum und Wan-
derwegen die ausschlaggebende Rolle.

Der Faktor "GA/EE" kann damit auch als dominantes Kriterienbündel bezeichnet werden. Er entscheidet über die sogenannte
"1. Zuordnung" der Rasterfelder (2). Dabei gilt folgende

---

(1) Vgl. dazu: Abb. 13.
(2) Vgl. dazu: Tab. 7, Abschnitt A.

Abb. 13: Struktur der Merkmalsanalyse

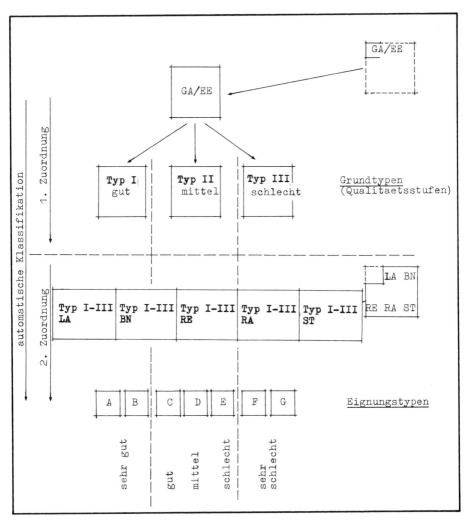

Gliederung:

Grundtyp I: gute Eignung

Grundtyp II: mittelmässige Eignung

Grundtyp III: schlechte Eignung

Ausgehend von der ersten Zuordnung zu den drei Grundtypen I, II und III wird anschliessend eine zweite Phase der Klassifikation eingeleitet, die zur sogenannten "2. Zuordnung" führt. Sie erlaubt aufgrund eines besonderen Zuteilungsschlüssels (1), die für die Faktoren "Landschaftliche Attraktionen" (LA), "Bodennutzung" (BN), "Reliefenergie" (RE), "Randeffekt" (RA) und "Störungen" (ST) bestimmten Teilwerte den Grundtypen zuzuordnen. Aus der Art der Kombination dieser Teilwerte je Rasterfeld ist die Ueberleitung zu den Eignungstypen A - G möglich (2).

Es erfolgt demnach eine Generalisierung der Anzahl Typen von fünfmal drei auf total sieben, was ein überblickbareres Bild der Eignung erlaubt. Die Eignungstypen haben folgende Abgrenzungen:

Abb. 14: Eignungstypen

Eignungstyp A und B	: sehr gute Eignung
Eignungstyp C	: gute Eignung
Eignungstyp D	: mittelmässige Eignung
Eignungstyp E	: schlechte Eignung
Eignungstyp F und G	: sehr schlechte Eignung

Diese Zuordnung in zwei Phasen soll wiederum anhand eines Planquadrates vorgestellt werden (3).

---

(1) Vgl. dazu: Tab. 7, Abschnitt B.

(2) Vgl. dazu: Tab. 7, Abschnitt C und Abb. 15.

(3) Vgl. dazu: Abb. 15.

Tab. 7: Typisierung: Schlüssel für die 1. und 2. Zuordnung
(Klassifikation)

TABELLE A:

Zuordnung des Teilwertes Grundausstattung/Erholungseinrichtungen (GA/EE)
zu den drei Typen I-III ergibt den Grundtyp (= 1. Zuordnung).

Position	T y p I			T y p II			T y p III		
GA/EE	1	1	1	2	2	2	3	3	3
	EIG	EAW	EIS	EIG	EAW	EIS	EIG	EAW	EIS

TABELLE B:

Zuordnung der übrigen Teilwerte Landschaftliche Attraktionen (LA), Bodennutzung (BN), Reliefenergie (RE), Randeffekt (RA) und Störungen (ST) zu
den drei Typen I-III ergibt schliesslich nach Tabelle C die sieben Eignungstypen (= 2. Zuordnung):

Position	T y p I			T y p II			T y p III		
LA	1	1	1	2	2	2	3	3	3
BN	1/2	1	1	3/4	2	2	5	3	3
RE	1	1	1	2	2	2	5	3	3
RA	1/2	1/2	1	3/4	3	2	5	4	3
ST	1	1	1	2	2	2	3	3	3
	EIG	EAW	EIS	EIG	EAW	EIS	EIG	EAW	EIS

TABELLE C:

Auswertung der in Tabelle B gewonnenen Typen zu den sieben Eignungstypen

1. Zuordnung zu Grundtyp I		1. Zuordnung zu Grundtyp II		1. Zuordnung zu Grundtyp III	
2. Zuordnung zu den Eignungstypen A und B		2. Zuordnung zu den Eignungstypen C, D und E		2. Zuordnung zu den Eignungstypen F und G	
Aus den Positionen LA - ST weicht nur 1 Teilwert nach dem Typ II oder III ab. ↓ A	Aus den Positionen LA - ST gehören 2 oder mehr Teilwerte zu den Typen II/III. ↓ B	Aus den Positionen LA - ST gehören 2 oder mehr Teilwerte zum Typ I. ↓ C	Aus den Positionen LA - ST weicht nur 1 Teilwert nach dem Typ I oder III ab. ↓ D	Aus den Positionen LA - ST gehören 2 oder mehr Teilwerte zum Typ III. ↓ E	Aus den Positionen LA - ST gehören 2 oder mehr Teilwerte zu den Typen I/II. ↓ F

| | | Aus den Positionen LA - ST weicht nur 1 Teilwert nach dem Typ I oder II ab. ↓ G |

Abb. 15: Typisierung am Beispiel des ausgewählten Planquadrates von Seite 107 (Erholungsart: Erholung im Grünen)

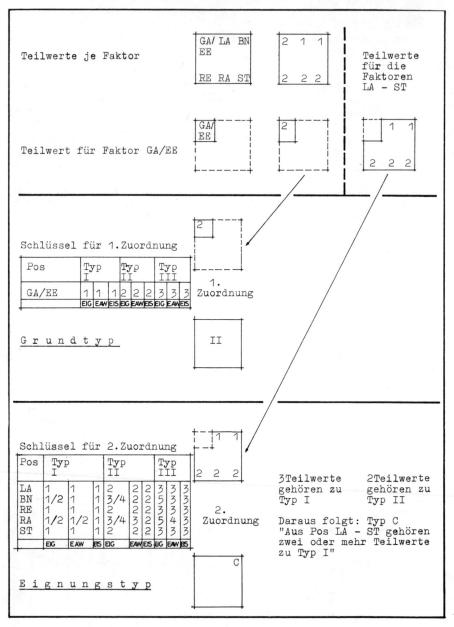

Die Ergebnisse dieses letzten Schrittes im Bewertungsgang, die dank der automatischen Datenverarbeitung sehr rasch aufbereitet gewesen sind, werden erst im anschliessenden Kapitel referiert, da sie nicht zahlenmässig ausgedrückt, sondern direkt durch eine Printerkartierung abgerufen worden sind.

3.3.2.3. Bestimmung der Erholungseignung mittels Printerkartierung

Der Bewertungsgang nach der Methode ERPLAN führt von der Gewichtung der erholungswirksamen Faktoren über die Aggregierung zu Teilwerten schliesslich zur Bestimmung der Erholungseignung. Während die ersten beiden Schritte manuell bearbeitet wurden, konnte für den letzten Schritt der Computer verwendet werden.

Auf der Basis der Tabelle 7 wurde ein Programm zur automatischen Klassifikation entworfen (1). Entsprechend der Wahl der drei Aktivitäten "Erholung im Grünen" (EIG), "Erholung am Wasser" (EAW) und "Erholung im Schnee" (EIS) und ihren spezifischen Bewertungen waren drei Rechengänge nötig, deren Ergebnisse mittels Printerkartierung in der aus den "Outputs" (2) ersichtlichen Form dargestellt wurden (3).

Durch diese automatischen Rechengänge wird die Eignung jedes einzelnen Rasterfeldes für die drei Erholungsarten bestimmt,

---

(1) Das Zuordnungsprogramm "TYP" wurde von FASLER F., Geographisches Institut der Universität Zürich, entworfen und bearbeitet.

(2) Vgl. Karten 9 - 15, Anhang.

(3) Für die Printerkartierung wurde das Kartenprogramm "COMAP" verwendet (FASLER F., 1975).

was wiederum am Beispiel des ausgewählten Planquadrates
(Koordinaten 700/701 und 245/246) erläutert sei (1).

Erholungseignung des ausgewählten Planquadrates
von Seite 107:

EIG	EAW	EIS
(Eignungstyp C)	(Eignungstyp C)	(Eignungstyp D)

Als Weiterführung der drei Bewertungsdurchläufe "EIG", "EAW"
und "EIS" können als nützliche Instrumente für die Planungspraxis durch zusätzliche Kombinationen die besonders geeigneten Felder für die "Erholung im Sommer" (ESO), für die "Erholung im Winter" (EWI; identisch mit "EIS") und für die erhöhte Erholungsattraktivität (EEA) bestimmt werden (wiederum
aufgezeigt am Beispiel des ausgewählten Planquadrates).

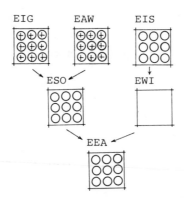

---

(1) Vgl. dazu Abb. 16 (Computer-Outputs der Printerkartierung für den Ausschnitt des Zürcher Oberlandes).

3.4.   Die Ausscheidung der Erholungsgebiete

Wie in der Zielsetzung dieser Arbeit formuliert wurde, soll
eine Ausweisung von Gebieten mit besonderer Eignung für die
Erholungsnutzung erreicht werden.

Die Raumansprüche der Daseinsgrundfunktion "Sich Erholen"
wächst entsprechend dem gesteigerten Bedürfnis weiter Bevölkerungskreise nach Erholung. Wesentlich ist, dass nicht lediglich
Restgebiete bereitgestellt werden, die nicht von anderen Daseinsgrundfunktionen wie Arbeiten, Wohnen, Versorgen oder Verkehren benötigt werden. Vielmehr dient eine auf die Bedürfnisse
der Gesellschaft abgestützte Bewertung der Landschaft, was bei
der Methode ERPLAN besonders beachtet worden ist, der Ausscheidung von Räumen, die sich durch ihre vielseitige formale Struktur (Anordnung der einzelnen erholungswirksamen Faktoren) in
ausgesprochenem Masse für die Erholungsfunktion eignen (Ausübung der Freizeitaktivitäten, wie sie in den sogenannten Ak-
tivitätskomplexen zusammengefasst wurden).

Die Dimensionierung der Erholungsgebiete geschieht grossräumig
und hat den Charakter einer Maximalvariante. Eine derartige
Ausscheidung von potentiellen Erholungsgebieten gibt den Spiel-
raum für prognostische Ansätze. Unter dem Aspekt der Daseinsvorsorge muss an die zukünftigen Bedürfnisse der Bevölkerung
gedacht werden. Vorausschauend müssen die für die Erholungsnutzung optimalen Funktionsfelder bestimmt werden. So lassen
sich neben den allein der Erholung zuzuführenden Gebieten zusätzlich im Sinne des Landschaftsschutzes Reserve- und Schutzgebiete sowie zuhanden der nachfolgenden Planungsträger Gebiete
höchster Erholungsattraktivität ausscheiden, Gebiete also, die
frei zu halten wären.

Bei der Ausscheidung der besonders geeigneten Flächen wurde
nach dem Prinzip der Regionalisierung gearbeitet. Es wurden
dabei die bei der Bewertung bestimmten Einheitsflächen, das

sind Rasterfelder mit gleicher Eignung (in diesem Falle die
Typen guter Eignung), zu Erholungsregionen zusammengezogen.
Dieses Vorgehen berücksichtigt einerseits die zukünftige Funk-
tion der Region (potentiell mögliche) und andererseits drei
Abgrenzungskriterien:

1. Funktion:

Aktivitätskomplexe "EIG" und "EAW" (zusammengefasst
als "ESO") und "EIS" (identisch mit "EWI") sowie
"EEA"

2. Abgrenzungskriterien:

- nur höchst geeignete Rasterfelder (Eignungstypen
  A, B und C für die Aktivitätskomplexe EIG und EAW
  sowie Eignungstypen A, B, C und D für den Aktivitätskomplex EIS)

- ausgedehnte Räume (die höchst geeigneten Felder
  müssen in Gruppen von mindestens 5 km² zusammenhängend vorkommen)

- Abgrenzungslinien der Räume höchster Eignung den
  naturgeographischen Verhältnissen anpassen (Kammerung, Hügelzüge, Gewässer)

Eine Anforderung an ein geeignetes Naherholungsgebiet, die im
Bewertungsverfahren ERPLAN nicht hat berücksichtigt werden
müssen, stellt die äussere Erschliessung dar. Diese Bedingung
kann für diese Untersuchung vernachlässigt werden, weil auf
der einen Seite sämtliche Räume, wie sie in den nun folgenden Karten (1) vorgestellt werden, ohnehin im Naherholungsbereich liegen, das heisst in zumutbarer Entfernung der Ballungsräume Zürich, Winterthur, Uster-Wetzikon und der Zürich-
see-Gemeinden, und weil es auf der anderen Seite in erster
Linie Aufgabe regionaler und kommunaler Institutionen ist,
durch gezielte Investitionen eine gute Erreichbarkeit der
Erholungsgebiete sicherzustellen.

Ohne Zweifel sind die besonders attraktiven Flächen nur in
grossen Zügen erfasst worden, jedoch so präzis, dass sie für

---

(1) Vgl. dazu: Abb. 17.

Abb. 17: Regionen höchster Eignung im Raum Pfäffikersee (gemäss Karten 1 - 8)

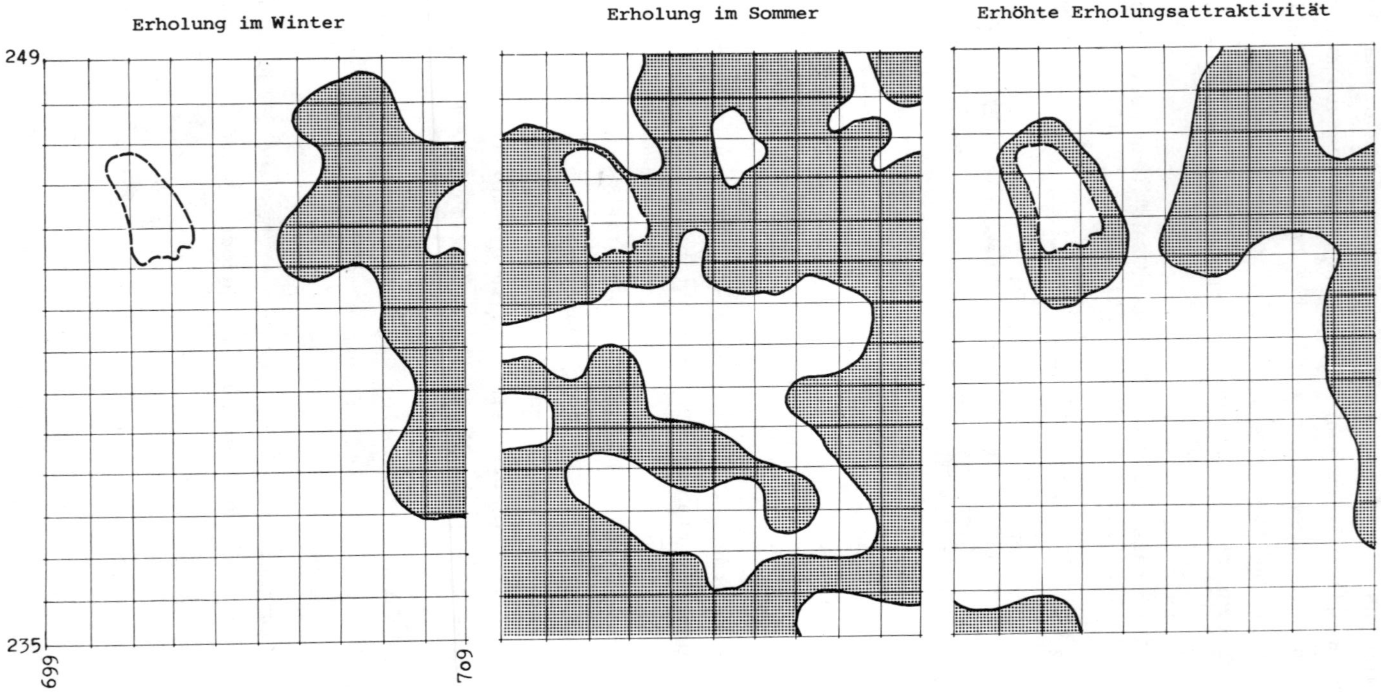
Erholung im Winter
Erholung im Sommer
Erhöhte Erholungsattraktivität
249
235
699
709

die anschliessende Planungstätigkeit im regionalen und überregionalen Rahmen von Nutzen sind.

Der fünfte und letzte Arbeitsschritt im Planungsprozess, der
Entwurf des Landschafts(richt-)planes, wird erst im nächsten
Kapitel im Zusammenhang mit der Anwendung des Bewertungsmo-
dells ERPLAN im Kanton Zürich vorgestellt.

T E I L   D

(Raumordnungspolitischer Teil)

DAS BEWERTUNGSMODELL "ERPLAN"
IN DER PRAXIS

1.   DAS BEWERTUNGSMODELL "ERPLAN" IN DER PRAXIS

Im Jahre 1976 entschied das Amt für Raumplanung des Kantons
Zürich (ARP), für die neue Gesamtplanauflage (1) u.a. eine
Untersuchung zur Bestimmung der Erholungseignung des Kantons
Zürich durchzuführen. Dafür wurde die Methode nach dem Bewertungsmodell ERPLAN ausgewählt. Dieser Methode wurde gegenüber
anderen Bewertungsverfahren deshalb der Vorrang gegeben, weil
sie bereits in Form einer Vorstudie im Gebiet der Agglomeration Zürich entwickelt und getestet worden war (2).

1.1.   Aufgaben und Zielvorstellungen

In Artikel 18 des Planungs- und Baugesetzes für den Kanton
Zürich (3) werden die Gestaltungsgrundsätze der Richtplanung
aufgeführt:

> § 18. Die Richtplanung soll die räumlichen Voraussetzun-
> gen für die Entfaltung des Menschen und für die Erhaltung
> der natürlichen Lebensgrundlagen schaffen oder sichern sowie
> der Bevölkerung der verschiedenen Kantonsteile in der Ge-
> samtwirkung räumlich möglichst gleichwertige Lebensbedin-
> gungen gewähren.
>
> Insbesondere ist anzustreben, dass
>
> a) die natürlichen Grundlagen des menschlichen Lebens, wie
> Boden, Wasser, Luft und Energie, sparsam beansprucht
> und vor Beeinträchtigungen geschützt werden;
>
> b) neben den Städten Zürich und Winterthur weitere gut
> erschlossene und mit übergeordneten öffentlichen und
> privaten Diensten ausgestattete Schwerpunkte der Besied-
> lung entstehen können;

---

(1) Die Pflicht zur Auflage eines Gesamtplanes ist im Gesetz
über die Raumplanung und das öffentliche Recht (Planungs-
und Baugesetz, PBG) vom 7.9.1975 verankert.

(2) VOLKART H.-R., 1975.

(3) §§ 18 - 35 in Kraft gesetzt auf 1.4.76 durch einen regie-
rungsrätlichen Beschluss vom 18.2.76 (umfasst im 2. Abschnitt die Ausführungen zur "Richtplanung").

c) Wohngebiete gegen nachteilige Umwelteinflüsse abge-
schirmt werden können und eine soziale Durchmischung
der Bevölkerung ermöglicht wird;

d) die Wohngebiete mit genügend erreichbaren öffentlichen
und privaten Diensten für die Versorgung, Fürsorge, Kultur, Bildung und Naherholung ausgestattet werden oder
ausgestattet werden können;

e) die für eine gesunde wirtschaftliche und siedlungspoliti-
sche Entwicklung des Kantons erforderlichen Standorte
für Handel, Gewerbe und Industrie sichergestellt werden;

f) grössere, wirtschaftlich und zweckmässig nutzbare Landwirtschaftsgebiete erhalten bleiben;

g) die für die Erholung der Bevölkerung nötigen Gebiete
dauernd zur Verfügung stehen;

h) schutzwürdige Landschaften sowie andere Objekte des
Natur- und Heimatschutzes vor Zerstörung oder Beein-
trächtigung bewahrt werden;

i) die Siedlungsgebiete zweckmässig erschlossen und mit
ihren Schwerpunkten durch leistungsfähige öffentliche
Verkehrsmittel und Strassen angemessen verbunden werden.

Für den Teilrichtplan "Siedlung und Landschaft" (1) gibt es
nach Artikel 23, lit. c (2) folgende Aufgabe zu lösen:

§ 23. Im Landschaftsplan sind zu bezeichnen:

a) das Landwirtschaftsgebiet mit jenen Flächen, die sich für
die landwirtschaftliche Nutzung eignen oder die im Ge-
samtinteresse landwirtschaftlich genutzt werden sollen;
als landwirtschaftliche Nutzung gelten auch der Reb-, der
Obst- und der Gartenbau;

b) das Forstgebiet mit den der Forstgesetzgebung unter-
stehenden Wäldern und den zur Aufforstung bestimmten
Flächen;

c) das Erholungsgebiet mit jenen Flächen, die der Erholung
der Bevölkerung dienen und bei denen dieser Zweck gegenüber andern Nutzungen überwiegt;

d) das Schutzgebiet und weitere Objekte, die aus Gründen
des Natur- und Heimatschutzes erhalten werden sollen
und nicht vom Siedlungsplan erfasst sind;

---

(1) Der Gesamtplan setzt sich zusammen aus den vier Teilricht-
plänen "Siedlung und Landschaft", "Verkehr", Versorgung"
und "Plan der öffentlichen Bauten und Anlagen".

(2) PBG, § 23, lit. c.

e) das Trenngebiet mit jenen Flächen, die zur Gliederung und Trennung des Siedlungsgebiets unüberbaut bleiben sollen;

f) die Gebiete für Materialgewinnung und für Materialablagerung;

g) das übrige Gebiet mit den Flächen, die keinem andern Gebiet zugeteilt sind.

Die bezeichneten Gebiete können sich überschneiden; ein solcher Sachverhalt ist darzustellen.

Zudem sind nach Artikel 37, lit. b im Landwirtschaftsgebiet die Flächen mit erhöhter Erholungsattraktivität zu bezeichnen. Die Ausscheidung von solchen Räumen, die sich für die Erholungsnutzung sehr gut eignen, dient insbesondere der Vermeidung eines allfälligen Nutzungskonfliktes zwischen Landwirtschaft und Erholung (1).

Im Vordergrund der Beschaffung von Unterlagen zur Erholungseignung des Kantons Zürich stand zunächst die Festlegung der "kantonalen Bedeutung" von Erholungsgebieten. Sie ergibt sich aus der "Weiträumigkeit der Erholung" (2). Mit anderen Worten sind ausgedehnte Räume abzugrenzen, die sich auszeichnen durch ganzjährige Benutzbarkeit, durch ein vielfältiges Landschaftsbild und durch eine Ausstattung, die die verschiedensten Aktivitäten ermöglicht.

Diese Richtlinien legen fest, was von kantonalem Interesse ist (3) und stellen damit massgebende Prämissen für die Land-

---

(1) Vgl. dazu: Teil B, Kap. 1.1.2.

(2) EBERLE H., Präsident der Raumplanungskommission des Kantonsrates, Zitat aus der Gesamtplandebatte des Kantonsrates vom 13.6.1978.

(3) Was den Wert und die Qualität eines Raumes für die Erholungsfunktion betrifft, muss deutlich unterschieden werden zwischen kommunaler, regionaler, kantonaler und nationaler Bedeutung. Es bestehen diesbezüglich erhebliche Unterschiede in der Gewichtung einzelner Kriterien. Während ein Freiluftbad oder ein Ausflugsrestaurant kommunale oder regionale Bedeutung besitzen, können Skilifte oder Kulturobjekte von kantonalem oder sogar nationalem Interesse sein.

schaftsbewertung dar. An ihnen hat sich eine Untersuchung zur
Bestimmung von Räumen mit erhöhter Erholungsattraktivität zu
orientieren.

1.2.   Der Untersuchungsraum

Der Untersuchungsraum war gegeben durch den Auftrag. Dieser
galt dem kantonalen Gesamtplan. Das Untersuchungsgebiet ist
folglich mit der Kantonsfläche identisch. Allerdings mussten
im Grenzbereich häufig noch Flächen mitberücksichtigt werden,
die ausserhalb des Kantons Zürich liegen. Da der Quadratkilo-
meter-Raster als Bezugssystem des Bewertungsverfahrens dient,
musste der Untersuchungsraum um alle jene Flächen erweitert
werden, die zu Rasterfeldern gehören, die nur teilweise noch
im Kanton Zürich liegen.

Die starke bauliche Entwicklung der letzten zwanzig Jahre hat
zu wesentlichen Verlusten an Naherholungsflächen geführt. Davon betroffen sind insbesondere Gebiete in den beiden Agglome-
rationen Zürich und Winterthur. Daneben fällt aufgrund eigener
Beobachtungen auf, dass einige Naherholungsgebiete überlastet
sind (Uetliberg, Forch), während andere Räume wenig genutzt
bleiben (Knonaueramt, Unterland).

Die Untersuchung mit repräsentativer Bevölkerungsumfrage zu
den "Lebensqualitäten im Kanton Zürich" (1) brachte wohl im
Bereich "Erholungsqualität" (2) für die Regionen Furttal und

(1) REGIERUNGSRAT DES KANTONS ZUERICH, 1975.

(2) Zur Bestimmung der Erholungsqualität wurden folgende sechs
    Indikatoren verwendet: Gaststätten pro 1000 Einwohner im
    15-Minuten-Verkehrsbereich; Einnahmen der Gemeinde aus der
    Billettsteuer pro Einwohner; Ausgaben der Gemeinde pro Ein-
    wohner für Sport; Sportzentren pro 10'000 Einwohner im
    15-Minuten-Verkehrsbereich; Vita-Parcours pro 10'000 Ein-
    wohner im 15-Minuten-Verkehrsbereich; Hallenbäder pro
    10'000 Einwohner im 15-Minuten-Verkehrsbereich.

Knonaueramt schlechte Ergebnisse, jedoch dürfen diese nicht
der Erklärung der niedrigen Frequenzen dienen. Im Bereich
"Umweltqualität" der obengenannten Untersuchung, die immerhin auf 21 Kennziffern aufbaut, erhalten Unterland und Knonaueramt hohe Werte.

Noch entscheidendere Aspekte zur Beurteilung der Naherholung
im Untersuchungsraum ergeben sich aus den Zahlen der Bevölke-
rungsentwicklung. So hat JUERGENSEN (1) berechnet, dass 75 %
der Bevölkerung des Kantons Zürich in den beiden Agglomeratio-
nen Zürich und Winterthur wohnen (ca. 830'000 Einwohner). Durch
die Mechanismen der Verstädterung, die zu hoher Wohndichte
(überbaute Fläche pro Einwohner), hoher Bevölkerungsdichte
und hoher Umweltbelastung führten und noch führen werden, somit
insgesamt die Lebensqualität verringerten, ist auch in nächs-
ter Zukunft noch mit einer Zunahme an Erholungssuchenden
zu rechnen. Die fortschreitende Arbeitszeitverkürzung trägt
das Ihre dazu bei.

Geht man nun von der Annahme aus, dass zirka 30 % der Bevölkerung ihre Wohnung mit dem Zweck der Erholung und Freizeit-
betätigung ausser Haus an Wochenenden verlässt (2), ergibt
dies die beachtliche Zahl von ungefähr 250'000 Erholungssuchenden für einen Wochenendtag in den Nahbereichen der Städte
Zürich und Winterthur. Die erwähnte Bevölkerungsumfrage (3)
hat gezeigt, dass als auslösende Faktoren zu bestimmten Freizeitverhaltensweisen vor allem die Aspekte Natur, Wohnlage,
Sport und Gesundheit hoch eingestuft werden.

Die Bedeutung der Untersuchung, die im folgenden Kapitel
vorgestellt wird, kann aus dieser Situation im Kanton Zürich

---

(1) JUERGENSEN H., 1973.
(2) RUPPERT K., 1971 (b), Raum München.
(3) REGIERUNGSRAT DES KANTONS ZUERICH, 1975.

abgeschätzt werden. Die Beschaffung von Grundlagen zur Erho-
lungseignung ist notwendig. Nur so können verantwortbare
Entscheide getroffen werden, die ja dann zu einer sinnvollen
Gebietszuteilung der Erholungsfunktion führen müssen.

1.3. Ablauf der Untersuchung

Im Folgenden werden die Arbeitsschritte zur Bestimmung der
Erholungsgebiete gemäss Erläuterungen zum Entwurf des Landschaftsplanes vorgestellt (1). Diese Untersuchung zur Bestimmung der Erholungseignung des Kantons Zürich wurde im Zeit-
raum von Juli 1976 bis Januar 1977 durchgeführt.

Auswahl der erholungswirksamen Faktoren

Im Rahmen dieser Untersuchung wurden drei Erholungsarten mit
den folgenden Faktoren ausgewählt:

Erholungsarten:	Faktoren:
Erholung im Sommer: . im Grünen	- leicht gewelltes bis hüge- liges Gelände - Wald - Allmenden - Parcours
. am Wasser	- Gewässer und dessen Zu- gänglichkeit - Freibad - Bootsvermietung
Erholung im Winter:	- deutliches Relief mit S- bis W-Exposition über 800 m - wenig Wald - Skilifte und Loipen

Bei allen drei Erholungsarten wurden überdies folgende Faktoren
berücksichtigt:

- möglichst viel Freiraum
- vorhandene Erholungseinrichtungen (Wanderwege, Parkplätze, Ausflugsrestaurants etc.)
- vorhandene landschaftliche Attraktionen
- möglichst wenig Störelemente

---

(1) AMT FUER RAUMPLANUNG DES KANTONS ZUERICH, 1977.

Analyse des Planungsraumes

Mit Hilfe dieser Kriterien wurden die erholungswirksamen Faktoren kartiert. Dabei standen verschiedene Hilfsmittel (1) sowie Auskunftspersonen zur Verfügung.

Bewertung der erholungswirksamen Faktoren

Die Bewertung der erholungswirksamen Faktoren erfolgte pro Einheitsfläche (km^2-Raster). Für die Gewichtung der Daten bildeten einerseits Ergebnisse von Nachfrageuntersuchungen (2) und andererseits die Ortskenntnisse der Sachbearbeiter die Grundlage. Die Bewertung wurde nach den drei Erholungsarten gesondert vorgenommen. Jeder erholungswirksame Faktor erhielt je nach Gewichtung eine bestimmte Punktzahl. Somit konnte pro Gruppe eine Gesamtpunktzahl berechnet werden, die je nach Höhe in einem Wert zwischen 1 - 5 zusammengefasst wurde. Nachdem die Bewertungen pro Rastereinheit notiert waren, konnten die Ergebnisse dank der automatischen Datenverarbeitung in Form eines Kartenoutputs abgerufen werden (3).

Bestimmung der Erholungsattraktivität

Erhöhte Erholungsattraktivität liegt nur dann vor, wenn "gute Eignung" für mehrere Erholungsarten (zwei- bis dreifache Ueberlagerung der Eignungstypen A - D) festgestellt wurde.

Ausscheidung der Gebiete mit erhöhter Erholungsattraktivität (4)

Bei der Ausscheidung besonders geeigneter Flächen wurde nach dem Prinzip der Grossräumigkeit und der topographischen Verhältnisse abgegrenzt.

---

(1) Vgl. Teil C, Kap. 3.2.

(2) So z.B. DUMAZEDIER J., 1972; EIDGENOESSISCHE KOMMISSION FUER EINE GESAMTVERKEHRSKONZEPTION, 1974; BENTS D.E., 1975 u.a.

(3) Vgl. dazu Karten 9 - 15, Anhang.

(4) Vgl. dazu: Karte 16, Anhang.

Abgrenzungskriterien:

- ausgedehnte Räume (die höchstgeeigneten Felder müssen in
  Gruppen von mindestens 5 km^2 zusammenhängend vorkommen)
- Abgrenzungslinien der Räume höchster Eignung den topo-
  graphischen Verhältnissen anpassen

a) Landwirtschaftsgebiet mit erhöhter Erholungsattraktivität

   (§ 37 lit. b) PBG)

   Es ist unbestritten, dass das Landwirtschaftsgebiet die
   hauptsächlichen Bedürfnisse der beschaulichen Freiraumerholung zu befriedigen vermag.

b) Erholungsgebiet

   (§ 23 lit. c) PBG)

   In den eigentlichen Erholungsgebieten geniesst die Erholung
   Nutzungspriorität bzw. in wenigen Fällen Nutzungskoexistenz
   mit militärischer Nutzung. Diese Gebiete mussten innerhalb
   des Gebietes mit erhöhter Erholungsattraktivität liegen.

Konzept

Die Uebersicht über die Gebiete erhöhter Erholungsattraktivität (1) zeigt als Schwerpunkte die ausgedehnten Wandergebiete:

- Irchel
- Lägern
- Altberg
- Reppischtal
- Albis/Zimmerberg
- Pfannenstiel/Lützelsee
- Rosinli/Bachtel
- Sitzberg/Sternenberg/Hörnli/Schnebelhorn/Scheidegg
- Schauenberg
- Höhenzug von Kyburg

sowie die Uferbereiche der folgenden Seen und Flüsse:

- Thurlauf
- Rhein
- Chatzensee
- Reuss
- Türlersee
- Zürichsee
- Greifensee
- Pfäffikersee
- Husemerseen

---

(1) Vgl. dazu: Karte 16, Anhang.

Während die Fluss- und Seeufer im Sommer (Erholung im Grünen,
Erholung am Wasser) besondere Attraktivität aufweisen, zeichnen sich die nebelfreien Wandergebiete (weniger als 30 Nebel-
tage/Jahr) durch ganzjährige Benützbarkeit (Erholung im Grünen, Erholung im Schnee) aus.

Prognose und Ziele

Die Landschaft des Kantons Zürich vermag nicht allen Erholungs-
ansprüchen seiner Bevölkerung zu genügen (1). Es erübrigt sich
deshalb, die Gebietausscheidung im kantonalen Gesamtplan aufgrund des zu errechnenden Flächenbedarfes vorzunehmen.

Die Ausscheidung von allgemeinen und besonderen Erholungsgebieten im Nahbereich der Siedlungen ist Aufgabe der Gemeinden.

In den Landwirtschaftsgebieten mit erhöhter Erholungsattraktivität sind Vorhaben für die Erholung zulässig (§ 37 lit.b)
PBG), wenn "das Interesse an einer ungeschmälerten land- und
forstwirtschaftlichen Nutzung nicht vorgeht". Ein weiteres,
ebenso wichtiges Ziel muss es sein, diese Gebiete vor ver-
unstaltenden Eingriffen zu bewahren, handelt es sich doch um
schutzwürdige Landschaften von höchster Attraktivität. Bei
der Beurteilung der Zulässigkeit von Einrichtungen (Bauten
und Anlagen) für die Erholung muss davon ausgegangen werden,
dass Gebiete erfasst wurden, die sich für das Wandern, Spazieren, Baden, Bootsfahren, Langlaufen, Skifahren oder Rasten
eignen. Zulässig dürften deshalb höchstens die in der Grundausstattung der Erholungseinrichtungen erfassten Objekte (Wan-
derweg, Parkplatz, Fitnessparcours, Naturlehrpfad, Badestrand,
Skilift, Skiabfahrt, Schlittelbahn, Loipe, Ausflugsrestaurant)
sein.

---

(1) Eine Untersuchung (JACSMAN J., 1977) hat bestätigt, dass
    für die Agglomeration Zürich ein ungenügendes Angebot an
    Naherholungsgebieten vorhanden ist.

Neben der Untersuchung zur Erholungseignung der Zürcher Landschaft wurden gleichzeitig auch Unterlagen für das Landwirtschaftsgebiet, das Forstgebiet, das Schutzgebiet, das Trenngebiet sowie für das Gebiet für Materialgewinnung und Materialablagerung erarbeitet. Diese Arbeiten erlaubten den Entwurf des Landschaftsplanes, dem dann noch die Ansprüche der
Besiedlung integriert werden mussten (Siedlungsplan). Erst
zu diesem Zeitpunkt konnte der Entwurf des Siedlungs- und
Landschaftsplanes zuhanden des Regierungsrates des Kantons
Zürich gestaltet werden.

Bei jeder Ausscheidung von Flächen muss eine Koordination der
unterschiedlichen, sich überlagernden oder sich ausschliessenden Raumansprüche angestrebt werden mit dem Ziel, eine bestmögliche (das heisst einer den übergeordneten Zielen folgenden) Raumordnung zu erreichen (1).

---

(1) Vgl. REGIERUNGSRAT DES KANTONS ZUERICH, 1977, S. 1/2.

2.   DER NUTZEN DER UNTERSUCHUNG

Allgemein kann festgehalten werden, dass durch die Eignungsuntersuchung des Amtes für Raumplanung des Kantons Zürich die
Methode ERPLAN in die Planungspraxis Eingang gefunden hat,
was grundsätzlich positiv beurteilt werden darf. Dank dem
Planungs- und Baugesetz des Kantons Zürich, das im gesamt-
schweizerischen Kontext als fortschrittlich bezeichnet werden
kann, wurde ja eigentlich erst die Möglichkeit, aber zugleich
auch die Notwendigkeit von Grundlagenuntersuchungen in einem
grösseren Rahmen in den Bereichen "Erholung" und "Freizeit"
geschaffen.

Die Kritik und Würdigung der Arbeit hat aus zwei Betrachtungs-
richtungen zu erfolgen. Zunächst sei die methodische Sicht
gewählt, die die Grundfragen einer Bewertung beachtet, demnach die Anforderungen "Nachfrageberücksichtigung" und "dem
Zweck angepasst" prüft. Andererseits muss aus den Erfahrungen
der Praxis der planerische Nutzen abgeklärt werden. Praktikabilität und Nachvollziehbarkeit sind dabei die entscheidenden
Kriterien.

2.1.   Die Beurteilung aus methodischer Sicht

Ohne die bereits diskutierten Vor- und Nachteile der verschiedenen Bewertungsverfahren nochmals aufzuführen (1), muss doch
an dieser Stelle darauf hingewiesen werden, dass bei vielen
dieser Methoden "der menschliche Interaktionsbereich stärker
in den Hintergrund tritt, als es dem Ziel einer möglichst umfassenden Bewertung entspricht" (2).

---

(1) Vgl. dazu: Teil B, Kap. 4.3.
(2) MAIER J., 1972, S. 20.

Die Schwierigkeit bei Bewertungen besteht ohne Zweifel darin,
dass es sich um Verhaltensweisen des Menschen handelt. Damit
fliessen subjektive Elemente in ein Bewertungsmodell ein, und
diese lassen sich immer angreifen. Mag hier ein Grund liegen,
dass vielfach auf den Einbau von gruppenspezifischen Wünschen
und Bedürfnissen verzichtet wird, so wurde bei der Methode
ERPLAN versucht, reale Verhaltensweisen auf der Ebene der
Aktivitätskomplexe "Erholung im Grünen", "Erholung am Wasser"
und "Erholung im Schnee" bzw. "Erholung im Sommer" und "Erholung im Winter" zusammenzufassen. Sowohl die Auswahl der
erholungswirksamen Faktoren wie auch die Gewichtung richtete
sich nach gesellschaftspolitischen Determinanten, die Nachfrageuntersuchungen ergeben haben.

Es muss wiederum betont werden, dass die Untersuchung für
den ganzen Kanton Zürich durchgeführt werden musste, somit
Eignungsräume von überregionaler Bedeutung zu bestimmen waren.
Solche grossräumigen Eignungsuntersuchungen führen zwangsläufig zu Pauschalergebnissen und können nicht alle individuellen Wünsche berücksichtigen. So lassen sich beispielsweise keine Zonen ausscheiden mit höchster Eignung für Skilang-
läufer. Dies würde ja auch am Zweck der Untersuchung vorbei-
führen, galt es doch für die kantonale Richtplanung Regionen
zu bezeichnen, die der Erholung der (Gesamt-)Bevölkerung
dienen.

Der methodische Aufbau des Bewertungsverfahrens ERPLAN ist
nun aber derart gestaltet, dass sich jederzeit die erholungswirksamen Faktoren differenzieren oder Gewichtungen modifizieren lassen, was sich aus Aenderungen der Gesellschaftsstruktur
durchaus ergeben könnte. Somit dürfte der Nutzen der Methode
auch bei einer allfälligen Revision oder Neuauflage des Gesamtplanes gegeben sein.

2.2.   Die Beurteilung aus planerischer Sicht

Die Gesamtplan-Debatte im kantonal-zürcherischen Parlament
vom Frühsommer 1978 machte deutlich, dass allgemein mit
einem weitverbreiteten raumplanerischen Wohlwollen unter
den Politikern gerechnet werden darf und dass im besonderen
auch ein kantonales Interesse an Naherholungsgebieten von
überregionaler Bedeutung besteht. Dass Planung eine Dauerauf-
gabe ist, wurde erkannt. Sie soll sowohl Zuordnung des Bodens wie auch Koordination der raumwirksamen Aufgaben des
Kantons sein. Somit liegt kantonale Planung im Spannungs-
feld zwischen reiner Flächenplanung und einer allgemein
anerkannten Raumordnung.

An diesem Punkt setzt - gleichsam vermittelnd - die kantonale
Richtplanung an. Mit einer gewissen Unschärfe behaftet, werden Bereiche ausgeschieden, die je nach Bestimmung einer
besonderen Nutzungsart zuzuführen sind. Der "kantonale Pla-
ner" sieht sich demnach vor die Aufgabe gestellt, im Sinne
einer Optimierung, die sich an den Gestaltungsgrundsätzen
(raumordnerische Zielvorstellungen) orientiert, Räume besonderer Eignung den entsprechenden Funktionen zuzuordnen.

Je differenzierter eine Eignungsuntersuchung für eine bestimmte Nutzung zugeschnitten ist, desto effizienter können
die dabei auftretenden Nutzungskonflikte aus dem Wege ge-
schafft werden. Bei der Methode ERPLAN stehen dafür (neben
den eigentlichen Eignungsdaten) dank der elektronischen Datenverarbeitung jederzeit abrufbereit weitere detaillierte Angaben bereit, die für die Gebietsausscheidung von Nutzen sein
können. Als Beispiel seien die Karten-Outputs "Grundausstat-
tung/Erholungseinrichtungen" und "Störungen" aus dem Bewertungsgang für die Erholung im Grünen erwähnt (1). Sie lassen

_____

(1) Vgl. dazu: Abb. 18 folgende Seite.

weitere Rückschlüsse auf die Eigenschaften eines bestimmten Raumes zu. So kann angedeutet werden, dass die Grundausstattung und die Erholungseinrichtungen eines bestimmten Gebietes derart schlecht qualifiziert sind, dass eine allenfalls gewünschte Verbesserung nur auf dem Wege regionaler oder kommunaler Nutzungsplanung zu erreichen ist.

Abb. 18: Eignungsbewertung für "Grundausstattung/Erholungseinrichtungen" und "Störungen" im Raum Pfäffikersee (gemäss Karten 1 - 8)

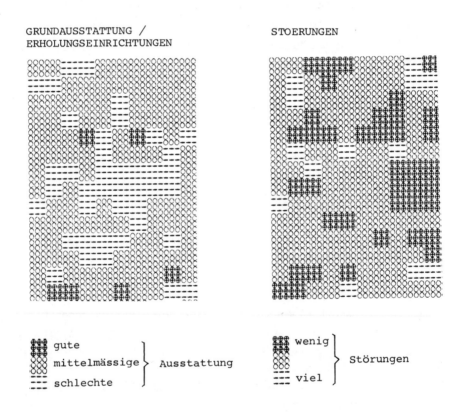

Die Angaben der "Störungskarte" liefern ihrerseits weitere
wertvolle Auskünfte über ein beliebiges Gebiet, das besonders
interessiert. Es können demnach in die Hand des Praktikers
weitere Unterlagen gegeben werden, die besondere Schwächen
einzelner Regionen bezeichnen.

Im weiteren konnte der Nutzungskonflikt Landwirtschaft-
Erholung meist dadurch gelöst werden, dass neben den eigentlichen Erholungsgebieten noch das Landwirtschaftsgebiet mit
erhöhter Erholungsattraktivität ausgeschieden wurde (1).
In dieser letztgenannten Zone geniesst die Landwirtschaft
uneingeschränkte Nutzungspriorität. Der Erholung kommt
lediglich Sekundärnutzung zu, was etwa konkret heisst, dass
vom Erholungssuchenden Flurwege benutzt und Waldränder aufgesucht werden können, sofern nicht das Interesse der land-
und forstwirtschaftlichen Nutzung dagegenspricht.

---

(1) Vgl. dazu: Teil C, Kap. 1.3.

TEIL E

ZUSAMMENFASSUNG

ZUSAMMENFASSUNG

Immer mehr Leute leben heute in Orten mit mehr als 10'000
Einwohnern. Der Anteil der städtischen Bevölkerung an der Ge-
samtbevölkerung nimmt noch immer zu. Damit verknüpft, wächst
das Erholungsbedürfnis, da im Prozess der städtischen Verdichtung die Umwelt- und Lebensqualität meist an Wert einbüsst. Das Erholungsbedürfnis weiter Bevölkerungskreise wird
ansteigen, ein Ende dieser Entwicklung ist nicht abzusehen.
Die Erholungsnachfrage wird sich auch aus Gründen der steigenden Realeinkommen, der vermehrt zur Verfügung stehenden
Freizeit und nicht zuletzt der geschickten Werbung, die zu
einem starken Prestigegewinn gewisser Freizeitaktivitäten
führte, erhöhen. Der Erhaltung von Erholungsräumen kommt somit immer grössere Bedeutung zu. "Erholung" wird zu einer
Grundfunktion menschlichen Daseins schlechthin.

Wirtschafts- und sozialgeographische Untersuchungen befassen
sich u.a. mit den verschiedenen Daseinsgrundfunktionen (Arbeiten, Sich Versorgen, Wohnen, Sich Bilden, Sich Erholen, Verkehren), ihren spezifischen Raumansprüchen und den durch diese geschaffenen Raumstrukturen. Insofern kann diese Arbeit zum
wirtschafts- und sozialgeographischen Forschungsbereich gerechnet werden, indem die Funktion "Sich Erholen" herausgegriffen und ihre Raumwirksamkeit abgeklärt wurde.

Diese Arbeit ist so angelegt worden, dass sie sich nach der
Planungspraxis orientiert. Diese Ausrichtung heisst zunächst,
dass grosser Wert auf die Berücksichtigung der "Betroffenen"
gelegt wurde. Wo liegen die Bedürfnisse der Städter? Welches
sind ihre Wünsche zur Freizeitgestaltung? Gibt es bestimmte
Präferenzen der Erholungsnachfrage? Praxisorientiert heisst
weiter, dass der gesteigerten Nachfrage ein Angebot gegenüber-
stehen muss, das der Befriedigung der Bedürfnisse nach Erholung

dienen kann. Demnach galt es, eine Eignungsuntersuchung durchzuführen, die Auskunft über die Qualität einzelner Gebiete
gibt. Nur so liessen sich, in Koordination mit anderen Nut-
zungsansprüchen, bestgeeignete Erholungsräume bestimmen, wie
sie zum Schluss für den kantonalzürcherischen Landschaftsrichtplan ausgeschieden wurden. Der Beitrag der Geographie
zur Raumplanung bestand darin, Entscheidungshilfen in Form
von Grundlagenuntersuchungen zur Erholungseignung der Landschaft zu erarbeiten.

Unter "Erholung" wurde im Zusammenhang mit dieser Arbeit die
in der freien Landschaft verbrachte Freizeit verstanden, die
der physischen und psychischen Regeneration und geistigen
Selbstentfaltung dient. Zur Nutzung der Freizeit, die Erholung
im obigen Sinn ermöglicht, sind Erholungsgebiete nötig. Diese
Räume sind Teile jener Freiräume, die vom Menschen in der
Freizeit für die Erholung benutzt werden können, sei es für
Erholung im Grünen, Erholung am Wasser oder Erholung im Schnee.
Gemäss der Zielsetzung dieser Arbeit wurden im besonderen Fragen aus dem Problemkreis der sogenannten "Naherholung" beachtet. Naherholung bezeichnet alle möglichen Freizeitaktivitäten, die der Erholung dienen und in einem Bereich ausgeübt
werden, der vom Wohnort aus in rund einer Stunde erreicht
werden kann. Der Erholungssuchende hält sich in diesem Gebiet stundenweise, während eines Tages oder höchstens eines
Wochenendes auf.

Das für diese Art von Erholung typische Freizeitverhalten
konnte dank verschiedenen in- und ausländischen Studien sowie eigener Beobachtungen mit folgenden Merkmalen knapp cha-
rakterisiert werden:

  - häufigste Aktivität: Spazieren und Wandern,
  - im Sommer zusätzlich: Baden und Lagern,
  - im Winter werden zusätzlich alle möglichen Einrichtungen
    für den Skisport gewünscht,

- meist wird der eigene Privatwagen als Verkehrsmittel
  benutzt,
- Wahl des Ausflugsortes hängt wesentlich ab von dessen
  landschaftlicher Schönheit sowie dessen Ausstattung
  mit Erholungseinrichtungen.

Besondere Beachtung wurde dem Umstand beigemessen, dass die
Erholungsinfrastrukturen oft den Impuls zur Wahl eines Standortes geben.

Nach der Skizzierung der Notwendigkeit einer Raumordnungspolitik im allgemeinen und raumplanerischen Massnahmen auf dem
Gebiet der Erholung im besonderen galt eine Zusammenstellung
zur heutigen rechtlichen Situation der Abklärung, inwieweit
Erholungsgebiete tatsächlich geschützt werden können. Dabei
fiel auf, dass meist nur ein indirekter Schutz besteht oder
dass befristete Massnahmen auf längere Zeit ebenso keine Gewähr für dauernden Schutz bieten.

Bei der Herausarbeitung planungsrelevanter Faktoren wurde dem
Postulat "Vielgestaltigkeit des Angebotes" gefolgt und namentlich Kriterien wie Relief, Waldanteil, Gewässer, Landnutzungs-
formen und Erholungseinrichtungen berücksichtigt. Die bisherigen Verfahren zeigen oft die Ueberbewertung eines einzelnen
Faktors oder geben den Erholungsinfrastrukturen zuwenig Gewicht.

Die theoretische Aufarbeitung erlaubte in der Folge das Entwerfen des Konzeptes zum Bewertungsmodell ERPLAN, das folgenden Aufbau zeigt:

1. Problemerkennung und Festlegung der Ziele
2. Raumanalyse
3. Raumbewertung
4. Ausscheidung von Erholungsgebieten
5. Raumplanung (Entwurf des Landschaftsrichtplanes)

Als allgemeine <u>Anforderungen an das Bewertungsmodell</u> galten:

- Einbezug der Bedarfsstruktur
- dem Zweck der Untersuchung angemessen
- Praktikabilität und Nachvollziehbarkeit.

Die Bearbeitung des Modells als Bewertungsverfahren, angewendet im Kanton Zürich und erläutert am Beispiel eines Land-
schaftsausschnittes im Zürcher Oberland, führte zunächst zur
Datenaufnahme: <u>kartographische Erfassung des bestehenden Er-
holungsangebotes</u>. Die <u>Auswahl der für die Bewertung relevanten Faktoren</u> erfolgte gemäss den drei <u>Aktivitätskomplexen</u>
"Erholung im Grünen", "Erholung am Wasser" und "Erholung im
Schnee":

- Erholung im Grünen	Wandern/Spazieren, Lagern, Fit-ness, Besichtigung von Sehens-würdigkeiten
- Erholung am Wasser	Schwimmen/Baden, Lagern, Rudern/Paddeln, Wandern/Spazieren, Be-sichtigung von Sehenswürdigkeiten
- Erholung im Schnee	Skifahren, Skiwandern, Schlitteln, Wandern/Spazieren, Besichtigung von Sehenswürdigkeiten

Auf der Basis des Quadratkilometer-Rasters der Landeskarte
1:50'000 erfolgte anschliessend die <u>Quantifizierung der Er-
holungseignung</u>. Bei der Messung wurden die Kriterien in dimen-
sionslose Werte übergeführt, wobei sowohl ordinal gemessen als
auch ordinal aggregiert wurde. Die Gewichtung der einzelnen
Kriterien geschah nach den Eigenschaften der Bedarfsstruktur.
Das Problem der "Objektivität" bzw. "Subjektivität" wurde
besonders beachtet (1). Bei der anschliessenden Merkmalsanalyse konnte dank elektronischer Datenverarbeitung eine
Typisierung einzelner Rasterfelder, nach Aktivitäten gegliedert, vorgenommen werden. Das Prinzip der <u>Regionalisierung</u>
diente hernach der Ausscheidung von bestgeeigneten Erholungsflächen. Daran anschliessend konnte die konkrete <u>Anwendung des</u>

(1) Vgl. dazu: Teil C, Kap. 3.3.2.

Bewertungsmodells ERPLAN für die Landschaftsrichtplanung im
Kanton Zürich gezeigt werden (1). Bei der Ausscheidung von
Flächen wurde eine Koordination der unterschiedlichen, sich
überlagernden oder sich ausschliessenden Raumansprüche angestrebt mit dem Ziel, eine bestmögliche Raumordnung zu erreichen (2). So erstaunt auch weiter nicht, dass die ur-
sprünglich bestimmten, höchstgeeigneten Erholungsflächen
stark redimensioniert wurden. Gleichsam als Kompromiss wurden "Landwirtschaftsgebiete mit erhöhter Erholungsattraktivität" ausgeschieden. Diese Zonen räumen der Landwirtschaft
Primärnutzung ein, geben aber zugleich der sie stark konkurrenzierenden Nutzung "Erholung" bestimmte Rechte wie beispielsweise Benutzung von Flurwegen.

Mit dieser Arbeit wurde der Versuch gewagt, die Erholungseignung der Landschaft auf der Basis gesellschaftlicher Bedürfnisse im Sinne der räumlichen Daseinsvorsorge zu bewerten.
Es bleibt den Lesern und insbesondere den Planungspraktikern
unter diesen überlassen, sich ein Urteil zu diesem Versuch
zu bilden. Es gibt kein Konzept, das für sich in Anspruch
nehmen könnte, alle Aspekte des komplexen Planungsproblems
"Bewertung der Erholungseignung der Landschaft" zu erfassen.
Ohne Konzeptbildung aber hätten wir in der Fülle von Informationen Mühe, das, was der Stoff anbietet, in vertiefter Weise
zu erkennen. Es geht nicht um die Frage, ob ein Konzept richtig oder falsch ist, sondern auch darum, wie relevant ein Konzept für die Praxis ist.

---

(1) Vgl. dazu: Teil D, Kap. 1.
(2) Vgl. dazu: REGIERUNGSRAT DES KANTONS ZUERICH, 1977, S. 1/2.

T E I L   F

ANHANG

Abb. 19: Tafel der Teilwertnotierungen für "Erholung im Grünen"

2 3 4	2 3 3	3 3 3	3 3 3	2 2 3	2 3 3	2 3 3	2 3 3	2 3 2	2 2 4
2 5 2	2 5 2	2 5 1	2 4 1	2 4 1	2 4 2	2 4 2	2 4 2	2 2 3	3 4 1
3 3 3	3 3 2	2 3 5	2 3 3	2 3 3	2 3 3	2 1 2	2 1 3	2 3 2	2 3 2
2 4 2	2 5 3	1 5 2	1 3 1	1 4 2	1 5 2	2 4 2	2 4 2	3 3 3	2 2 3
2 3 2	2 3 1	2 3 4	2 3 3	2 3 3	3 3 4	2 2 3	2 1 3	2 3 3	2 2 3
2 4 2	2 2 3	2 3 2	1 5 2	2 4 2	2 5 2	2 4 2	2 4 1	3 4 2	3 3 2
2 3 4	2 1 1	3 3 4	2 3 2	2 3 3	3 3 3	2 3 4	2 3 3	2 1 3	2 2 3
2 4 2	2 2 2	2 5 1	2 2 2	2 4 2	2 3 2	2 4 1	2 4 1	2 4 2	2 4 1
2 2 3	2 2 1	2 3 3	1 3 3	3 3 3	2 2 3	1 2 3	3 3 3	2 3 2	3 3 2
2 3 2	2 3 1	2 3 1	2 3 1	1 5 2	2 4 1	2 4 1	2 4 1	2 4 2	2 4 1
2 2 3	2 2 3	2 3 3	2 3 3	3 3 4	2 3 3	2 2 3	2 3 3	3 3 3	2 2 3
1 4 2	2 3 3	2 5 2	2 5 2	2 5 3	1 4 2	2 4 2	2 4 3	1 4 2	2 5 2
2 3 3	3 3 3	3 3 4	2 3 5	3 3 4	3 3 4	3 3 3	3 3 3	3 3 3	2 2 2
2 5 2	2 4 2	2 5 3	2 5 2	2 5 2	1 5 2	2 4 2	1 4 1	2 4 1	2 5 1
2 3 3	3 3 3	2 3 3	3 3 3	3 3 3	3 3 4	3 3 3	3 3 3	3 3 3	2 2 3
2 4 2	2 3 1	1 4 1	1 5 2	2 5 2	1 5 2	1 4 2	2 4 1	1 4 1	2 4 1
3 2 4	2 2 3	2 2 4	3 3 2	2 2 2	3 2 4	3 3 3	2 3 3	2 3 3	2 2 4
1 5 3	1 4 2	1 5 2	1 4 2	2 4 2	2 5 2	1 5 2	2 4 1	2 3 1	2 5 1
2 3 3	2 2 4	2 2 3	2 2 2	2 3 2	2 3 3	3 3 3	2 3 3	2 2 3	2 2 3
2 3 2	2 5 2	2 4 2	1 4 1	1 4 1	1 4 2	2 4 2	2 4 2	1 4 2	2 4 2
2 2 2	2 2 4	3 2 4	3 2 3	3 3 3	3 3 3	2 3 2	2 2 3	3 2 3	2 3 3
2 3 2	2 5 2	2 5 2	1 4 2	1 4 2	2 5 2	1 4 1	1 5 2	1 4 1	2 4 1
2 1 3	2 2 4	2 3 2	3 3 2	3 3 3	2 3 4	2 2 3	2 2 3	2 3 4	2 2 3
2 4 2	2 5 2	2 5 2	2 4 2	2 5 2	2 5 2	1 4 2	1 5 2	1 5 2	2 4 1
2 3 3	3 2 3	2 2 2	2 3 2	2 2 2	2 2 4	2 2 4	2 3 4	1 3 2	2 3 2
2 4 2	2 4 1	2 3 1	2 4 2	2 4 1	1 5 2	1 5 2	1 5 2	1 3 3	2 3 3
2 3 3	1 3 1	1 3 1	2 3 3	2 3 2	1 1 2	2 2 2	2 3 3	3 3 4	3 3 3
2 3 1	2 3 1	1 3 2	2 4 2	2 4 3	1 4 2	2 4 2	2 4 2	2 5 2	2 4 2

Abb. 20: Tafel der Teilwertnotierungen für "Erholung am Wasser"

2 3 3	2 3 3	3 3 3	3 3 3	3 2 3	2 2 3	3 3 3	3 3 3	3 3 1	2 3 3
1 4 2	1 4 2	3 4 1	3 4 1	3 4 1	3 4 2	3 4 2	3 4 2	3 2 3	3 4 1
3 3 3	3 3 3	2 3 3	2 3 3	3 3 3	2 3 3	2 1 3	3 1 3	3 3 2	2 3 1
2 4 2	1 4 3	1 4 2	2 4 1	3 4 2	3 4 2	3 4 2	3 4 2	3 2 3	3 1 3
3 3 3	2 3 1	1 3 2	2 3 3	2 3 3	3 3 3	3 2 3	2 1 3	3 3 3	2 2 3
2 4 2	1 1 3	1 2 2	2 4 2	3 4 2	3 4 2	3 4 2	3 4 1	3 4 2	3 4 2
2 3 3	2 1 1	3 3 3	2 3 1	2 3 3	2 3 3	3 3 3	3 3 3	3 1 3	2 2 3
1 4 2	2 1 2	1 4 1	1 1 2	3 4 2	3 4 2	2 4 1	3 4 1	3 4 2	3 4 1
2 2 3	1 2 1	2 3 1	1 3 1	3 3 3	3 2 3	2 2 3	3 3 3	2 3 3	3 3 3
2 4 1	2 1 1	1 1 1	1 1 1	2 4 2	3 4 1	3 4 1	3 4 1	3 4 2	3 4 1
3 3 3	3 3 3	3 3 3	3 3 3	3 3 3	3 3 3	3 3 3	2 3 3	3 3 3	3 3 3
2 4 2	3 4 3	2 4 2	1 4 2	1 4 3	2 4 2	3 4 2	3 4 3	3 4 2	3 4 2
3 3 3	3 3 3	3 3 3	2 3 3	3 3 3	3 3 3	3 3 3	3 3 3	3 3 3	2 3 3
2 4 1	1 4 2	2 4 3	1 4 2	1 4 2	2 4 2	2 4 2	3 4 1	3 4 1	3 4 1
3 2 3	3 3 3	3 3 3	1 3 3	3 3 3	3 3 3	3 3 3	3 3 3	3 3 3	2 2 3
2 4 2	2 4 1	2 4 1	1 4 2	1 4 2	1 4 2	2 4 2	3 4 1	3 4 1	3 4 1
3 3 3	1 3 3	2 3 3	3 3 3	2 2 3	3 2 3	2 3 3	3 3 3	3 3 3	2 2 3
2 4 3	2 4 2	2 4 2	2 4 2	2 4 2	1 4 2	2 4 2	3 4 1	3 4 1	3 4 1
3 3 2	2 2 3	3 2 3	3 2 3	2 3 3	2 3 3	3 3 3	2 3 3	3 3 3	3 3 3
1 1 2	2 4 2	2 4 2	2 4 1	2 4 1	2 4 2	1 4 2	2 4 2	2 4 2	3 4 2
2 2 3	3 2 3	3 2 3	3 3 3	3 3 3	3 3 3	2 3 3	3 3 3	3 3 3	2 3 3
2 2 2	2 4 2	2 4 2	2 4 2	2 4 2	2 4 2	1 4 1	2 4 2	3 4 1	3 4 1
3 1 3	1 1 3	2 3 3	3 3 3	3 3 3	3 3 3	3 2 3	2 1 3	3 3 3	2 3 3
2 4 2	2 4 2	2 4 2	2 4 2	2 4 2	2 4 2	2 4 2	2 4 2	2 4 2	3 4 1
3 3 3	3 3 3	3 3 3	3 3 3	3 3 3	2 2 3	3 1 3	3 3 3	2 3 3	3 3 3
2 4 2	2 4 1	2 4 1	2 4 2	2 4 1	2 4 2	2 4 2	1 4 2	2 2 3	2 2 3
3 3 3	2 3 1	1 3 1	3 3 3	3 3 3	1 2 1	3 1 3	1 3 3	3 3 3	3 3 3
3 4 1	1 2 1	1 2 2	2 4 2	2 4 3	2 3 2	2 4 2	2 4 2	2 4 2	2 4 2

Abb. 21: Tafel der Teilwertnotierungen für "Erholung im Schnee"

```
1 3 1 | 2 3 1 | 3 3 1 | 3 3 3 | 2 1 3 | 2 3 3 | 2 3 2 | 2 3 3 | 2 3 2 | 2 2 3

3 3 2 | 3 3 2 | 1 2 1 | 1 2 1 | 1 2 1 | 2 2 2 | 2 2 2 | 2 2 2 | 2 1 3 | 1 2 1
3 3 3 | 2 3 1 | 3 3 3 | 2 3 3 | 2 3 1 | 2 3 2 | 2 1 1 | 2 1 1 | 2 3 2 | 2 3 3

2 2 2 | 3 3 3 | 3 3 2 | 2 2 1 | 2 2 2 | 2 3 2 | 2 2 2 | 1 2 2 | 1 1 3 | 2 1 3
2 3 3 | 1 3 2 | 2 3 3 | 2 3 2 | 2 3 2 | 3 3 2 | 2 3 3 | 1 1 3 | 2 3 3 | 1 1 3

2 2 2 | 2 2 3 | 3 2 2 | 2 3 2 | 2 2 2 | 2 3 2 | 2 2 2 | 1 2 1 | 1 2 2 | 1 1 2
2 3 3 | 2 1 2 | 3 3 3 | 2 3 3 | 2 3 3 | 3 3 3 | 1 3 3 | 1 3 3 | 2 1 2 | 2 2 3

2 2 2 | 2 2 2 | 3 3 1 | 3 2 2 | 1 2 2 | 2 1 2 | 1 2 1 | 1 2 1 | 1 2 2 | 1 2 1
2 2 3 | 2 2 2 | 2 3 3 | 1 3 3 | 3 3 2 | 2 1 2 | 1 1 2 | 2 3 3 | 1 3 2 | 3 3 3

2 2 2 | 2 2 1 | 3 2 1 | 3 2 1 | 1 3 2 | 1 2 1 | 1 2 1 | 1 2 1 | 1 2 2 | 1 2 1
2 2 3 | 2 2 3 | 2 3 3 | 2 3 3 | 3 3 3 | 3 3 2 | 2 2 3 | 2 3 2 | 1 3 2 | 1 2 1

2 2 2 | 2 1 3 | 2 3 2 | 3 3 2 | 3 3 3 | 1 2 2 | 2 2 2 | 2 2 3 | 1 2 2 | 1 3 2
2 3 1 | 3 3 1 | 3 3 2 | 1 3 3 | 3 3 2 | 3 3 2 | 3 3 2 | 3 3 2 | 3 3 1 | 1 2 1

2 3 2 | 2 2 2 | 2 3 3 | 2 3 2 | 3 3 2 | 2 3 2 | 2 2 2 | 1 2 1 | 1 2 1 | 1 3 1
2 1 1 | 3 3 3 | 2 3 2 | 2 3 3 | 3 3 1 | 2 3 1 | 3 3 3 | 3 3 2 | 3 3 2 | 1 2 3

2 2 2 | 2 2 1 | 2 2 1 | 2 3 2 | 3 3 2 | 3 3 2 | 1 2 2 | 2 2 1 | 1 2 1 | 1 2 1
3 2 2 | 2 2 2 | 2 2 2 | 3 3 2 | 2 2 3 | 2 3 1 | 3 3 1 | 2 3 3 | 3 3 3 | 1 2 1

2 3 3 | 2 2 2 | 2 3 2 | 2 2 2 | 2 2 2 | 2 3 2 | 2 3 2 | 1 2 1 | 1 2 1 | 1 3 1
2 3 1 | 2 1 1 | 2 1 2 | 2 1 2 | 2 3 3 | 2 3 3 | 3 3 3 | 2 3 3 | 1 2 2 | 1 2 1

2 3 2 | 2 3 2 | 2 2 2 | 2 2 1 | 2 2 1 | 2 2 2 | 2 2 2 | 2 2 2 | 1 2 2 | 1 2 2
2 2 3 | 2 2 1 | 3 1 1 | 3 2 2 | 3 3 3 | 3 3 1 | 2 3 3 | 2 2 2 | 2 2 2 | 1 3 2

2 2 2 | 2 3 2 | 2 3 2 | 2 2 2 | 2 2 2 | 3 3 2 | 2 2 1 | 2 3 1 | 1 2 1 | 1 2 1
2 1 2 | 2 1 2 | 2 3 2 | 3 3 2 | 3 3 2 | 2 3 2 | 2 1 2 | 2 1 2 | 2 3 1 | 1 2 3

2 2 2 | 2 3 2 | 2 3 2 | 2 3 2 | 2 3 2 | 2 3 2 | 2 2 2 | 2 3 2 | 1 3 2 | 1 2 1
2 3 2 | 3 2 2 | 2 2 2 | 2 3 2 | 2 2 1 | 2 2 3 | 2 1 1 | 2 3 2 | 2 3 3 | 2 3 2

2 2 2 | 2 2 1 | 2 2 1 | 2 3 2 | 2 2 1 | 2 3 2 | 2 3 2 | 2 3 2 | 2 2 3 | 2 2 3
2 3 3 | 1 3 2 | 1 3 2 | 2 3 2 | 2 3 2 | 1 1 2 | 3 1 3 | 2 3 3 | 3 3 3 | 3 3 2

2 1 1 | 2 2 1 | 2 2 2 | 2 3 2 | 2 3 3 | 2 3 2 | 2 2 2 | 2 3 2 | 2 3 2 | 2 2 2
```

LITERATURVERZEICHNIS

ALBRECHT J.: Untersuchungen zum Wochenendverkehr der Hamburger
    Bevölkerung, Teil A (Die Wochenendverkehrsregion), Gut-
    achten, durchgeführt am Institut für Verkehrswissenschaf-
    ten der Universität Hamburg, in: FISCHER K., 1969

ALLENSPACHER INSTITUT FUER DEMOSKOPIE: Meinungen über Urlaubs-
    länder, in: BUSCHE H. VON DEM, 1969

AMT FUER RAUMPLANUNG: Erläuterungen zum Entwurf des Landschafts-
    planes, Zürich 1977

AMT FUER RAUMPLANUNG: Gebiete mit erhöhter Erholungsattrakti-
    vität, Erläuterungen der Arbeitsmethode, Zürich 1978

ARBEITSGRUPPE LANDSCHAFTSSCHUTZ (SCHUBERT B. u.a.): Werte und
    Bewertung der Landschaft, landschaftsökologisches Kollo-
    quium vom 15.12.1977, Zürich 1978

BARBE H.: Leitfaden für die Planungstätigkeit in den Gemeinden
    gemäss dem Zürcherischen Planungs- und Baugesetz vom
    7.9.1975, Zürich 1976

BARTELS D.: Zur wissenschaftstheoretischen Grundlegung einer
    Geographie des Menschen, in: Erdkundliches Wissen, Heft
    19, 1968

BARTELS D.: Wirtschafts- und Sozialgeographie, in: Neue Wissen-
    schaftliche Bibliothek, Wirtschaftswissenschaften, Köln -
    Berlin 1970

BARTELS D.: Schwierigkeiten mit dem Raumbegriff in der Geo-
    graphie, in: Geographica Helvetica, Beiheft zu Nr. 2/3,
    1974

BARTELS D., HARD G.: Lotsenbuch für das Studium der Geographie
    als Lehrfach, Bonn - Kiel 1975

BECHMANN A., KIEMSTEDT H.: Die Landschaftsbewertung für das
    Sauerland als ein Beitrag zur Theoriediskussion in der
    Landschaftsplanung, in: Raumforschung und Raumordnung,
    Heft 5, 1974

BECKER F.: Bioklimatische Reizstufen für eine Raumbeurteilung
    zur Erholung, in: KLOEPPER R., 1972

BECKER CH.: Raumbedeutsame Ausgaben in den Gebieten des Erho-
    lungsverkehrs - eine Untersuchung zur Problematik raum-
    bedeutsamer Ausgaben in verschiedenen Funktionsräumen,
    in: Veröffentlichungen der Akademie für Raumforschung und
    Landesplanung, Forschungs- und Sitzungsberichte Nr. 98,
    1975

BENTS D.E.: Attraktivität von Erholungslandschaften - ein Bei-
    trag zur Quantifizierung der Erholungsfunktion, Freiburg 1974

BERRY B.J.L.: Eine Methode zur Bildung homogener Regionen mehr-
dimensionaler Definition, in: BARTELS D., 1970

BIRCHLMAIER F.: Zur Nützlichkeit des Waldes als Erholungsraum,
in: KLOEPPER R., 1972

BOBEK H.: Kann die Sozialgeographie in der Wirtschaftsgeographie
aufgehen?, in: Erdkunde, Heft 2, 1962

BODENSTEIN E.: Der Wandel touristischer Landschaftsbewertung
seit Beginn des 18. Jahrhunderts am Beispiel des Harzes,
in: KLOEPPER R., 1972

BOESCH H.: Weltwirtschaftsgeographie, Braunschweig 1969 (2.
Auflage)

BOESCH H.: Weltwirtschaftsgeographie, Braunschweig 1977 (4.
Auflage, Neubearbeitung)

BOESLER K.-A.: Infrastrukturraum und Wirtschaftsraum, in:
Deutscher Geographentag Kiel 1969, Tagungsberichte und
wissenschaftliche Abhandlungen, Wiesbaden 1970

BROESSE U.: Raumordnungspolitik, Berlin - New York 1975

BRUGGER E.A., HAEBERLING G.: Abbau regionaler Ungleichgewichte -
föderalistischer Ausgleich durch Raumordnungspolitik:
Ansprüche und konkrete Möglichkeiten im Kanton Zürich,
Zürich 1978

BRUNNSCHWEILER D.: De utilitate et necessitate geographiae:
Umweltforschung - mit und ohne Geographie, in: Geographica
Helvetica, Heft 1, 1971

BUECHI W.: Grundsätze zur Konfliktvermeidung, in: Neue Zürcher
Zeitung vom 1.4.1975

BUSCHE H. VON DEM: Meinungen über Urlaubsländer, in: "Motive -
Meinungen - Verhaltensweisen, einige Ergebnisse über
Probleme der psychologischen Tourismusforschung", Stu-
dienkreis für Tourismus E.V., Starnberg 1969, zit. in:
KRIPPENDORF J., 1975

BUTLER C.J. VON: Freizeitverhalten ausser Haus, in: Bundes-
forschungsanstalt für Landeskunde und Raumordnung, Heft
6, 1976

COPPOCK J.T. und DUFFIELD B.S.: Recreation in the Countryside.
A spatial analysis, London 1975

COUNTRYSIDE COMMISSION FOR ENGLAND AND WALES: Landscape evalua-
tion, Manchester 1976

CZINKI L.: Konsequenzen aus der Freizeitentwicklung für die
Erholungsplanung, in: Der Landkreis, Heft 8/9, 1969

CZINKI L.: Zum Erholungsproblem der Ballungsräume, entwickelt
am Beispiel des Landes Nordrhein-Westfalen, in: Natur und
Landschaft. Heft 6, 1972

CZINKI L., GROSSMANN K., SCHWINDT P.: Belastung der Landschaft durch die Erholung, Essen 1974

DOWNS R.M.: Geographic space perception: past approaches and future prospects, in: Progress in Geography, Vol. 2, London 1970

DUMAZEDIER J.: Vers une civilisation du loisir?, Paris 1972

EIDGENOESSISCHE KOMMISSION FUER EINE GESAMTVERKEHRSKONZEPTION: Fallstudie Wochenendverkehr, Auswertungen und Analysen von drei Erhebungen des Wochenendverkehrs in 8 schweizerischen Städten, Bern 1974

ELSASSER B. u.a.: Erholungsräume im Berggebiet, Verfahren, Methoden und Eignungskriterien zur Bewertung und Selektion bestehender und potentieller Erholungsgebiete, Zürich 1977

ELSASSER H.: Beiträge der Geographie zur Raumplanung, in: Informationen zur Orts-, Regional- und Landesplanung, DISP Nr. 39, Zürich 1975 (a)

ELSASSER H.: Eignungs- und Attraktivitätsuntersuchungen - Beitrag der Geographie zur Raumplanung, in: Beiträge zur heutigen Humangeographie, Publ. Nr. 55, Zürich 1975 (b)

FASLER F.: Kartenprogramm "COMAP", Geographisches Institut der Universität Zürich, Zürich 1975

FASLER R.: Zuordnungsprogramm "TYP", Geographisches Institut der Universität Zürich, Zürich 1976

FEHM K., LERCH B.: Alternative Methoden zur Quantifizierung des Nutzens von Erholungsprojekten - ein Ueberblick, in: Raumforschung und Raumordnung, Heft 1/2, 1978

FINGERHUTH C.: Erholungsplanung, Arbeitsmethode zur Bewertung der Erholungseignung einer Landschaft, Zürich 1972

FISCHER G.: Praxisorientierte Theorie der Regionalforschung, Tübingen 1973

FISCHER G.: Leitbilder in Raumplanung und Wirtschaftspolitik, in: Wirtschaftspolitische Mitteilungen, Nr. 12, 1974

FISCHER G.: Regionale Anliegen an ein Strukturleitbild Schweiz, in: Wirtschaftspolitische Mitteilungen, Nr. 8, 1976

FISCHER K.: Städtebau und Freizeitplanung, in: Der Landkreis, Heft 8/9, 1969

FRANKE M.: Freizeit in diesem Jahrzehnt, sozialhygienisch gesehen, in: Freizeit und Erholung in diesem Jahrzehnt, Schriftenreihe für ländliche Sozialfragen, Heft 67, 1973

FEITAG R.: Naherholungsraum und Naherholungsverkehr am Beispiel von Paris, in: Zur Geographie des Freizeitverhaltens, Münchner Studien zur Sozial- und Wirtschaftsgeographie, Bd. 6, 1970

FUCHS A.: Die Erholungseinrichtungen der Region Wiggertal, Diplomarbeit Geographisches Institut der Universität Zürich (Manuskript), Zürich 1977

FUEGLISTER H., KUEPFER D., LOETSCHER L.: Das Bruderholz als Naherholungsgebiet, in: Regio Basiliensis, Heft 3, 1974

FUERRER R.: Agrargeographische Untersuchungen in Küsnacht (Zürich), Landwirtschaft und Erholung in einer städtischen Agglomerationsgemeinde, Diplomarbeit Geographisches Institut der Universität Zürich (Manuskript), Zürich 1975

GEIGER H.: Interessen und Verhaltensweisen von Urlaubsreisenden, zit. in: KRIPPENDORF J., 1975

GRANDJEAN E., GILGEN A.: Umwelthygiene in der Raumplanung, in: Studienberichte des Institutes für Hygiene und Arbeitsphysiologie an der Eidgenössischen Technischen Hochschule Zürich, Zürich 1973

GRIGG D.: Die Logik von Regionssystemen, in: BARTELS D., 1970

GRUEN V.: Die lebenswerte Stadt, München 1975

GUNDERMANN E.: Untersuchungen zur Erfassung, Wertung und Ordnung der Erholungsfunktion von Waldbeständen im Bayrischen Hochgebirge, in: Forstliche Forschungsanstalt München, Forschungsberichte, Nr. 4, 1972

HABERMAS J.: Soziologische Notizen zum Verhältnis von Arbeit und Freizeit, in: Paedagogica, Bd. 2, 1968

HAERING B., WYDER-BRAUN R.: Die Erholungsnutzung im Gebiet des Flachsees Unterlunkhofen-Rottenschwil, Diplomarbeit Geographisches Institut der Eidgenössischen Technischen Hochschule Zürich (Manuskript), Zürich 1977

HAFNER R.: Erholungsgebiete im schweizerischen und zürcherischen Recht, Zürich 1972

HAGMANN K.: Die Freiraumplanung als Erholungsplanung, in: Zeitschrift Raumplanung, Heft 9, 1974

HANSTEIN U.: Die Eignung der Waldränder für die Erholung, in: KLOEPPER R., 1972

HARD G.: Die Geographie - eine wissenschaftstheoretische Einführung, Berlin 1973

HARTKE W.: Stadtgeographisches Arbeitsprogramm 1967 des Geographischen Institutes der Technischen Hochschule München, München 1967

HARTSCH E.: Gedanken zur Frage der Bewertung des landschaftlichen Erholungspotentials, in: Petermanns Geographische Mitteilungen, Ergänzungsheft zu Nr. 271, 1967

HOFFMANN H.: Die Stadt als Ausweg, in: Neue Anthropologie, Bd. 3, Sozialanthropologie, Stuttgart 1972

HOTTES K.-H.: Theorie und Praxis bei der Abgrenzung von Pla-
    nungsräumen, dargestellt am Beispiel Nordrhein-Westfalen,
    in: Veröffentlichungen der Akademie für Raumforschung
    und Landesplanung, Heft 77, 1972

HUEBLER K.-H.: Freizeitplanung und Raumordnung, in: Veröffent-
    lichungen der Akademie für Raumforschung und Landes-
    planung, Forschungs- und Sitzungsberichte, Bd. 73, Raum
    und Fremdenverkehr 2, Freizeit und Erholungswesen als Auf-
    gabe der Raumplanung, 1972

INSTITUT FUER ORTS-, REGIONAL- UND LANDESPLANUNG, ETH ZUERICH:
    Landschaftsplanung, in: Informationen zur Orts-, Regional-
    und Landesplanung, DISP Nr. 19, Zürich 1970

INSTITUT FUER ORTS-, REGIONAL- UND LANDESPLANUNG, ETH ZUERICH:
    Freizeit und Raumplanung - Resultate von Literaturanalysen
    in den Bereichen Soziologie, Pädagogik und Medizin, in:
    Berichte zur Orts-, Regional- und Landesplanung, Nr. 28,
    Zürich 1974

INSTITUT FUER ORTS-, REGIONAL- UND LANDESPLANUNG, ETH ZUERICH:
    Der ländliche Raum - eine Aufgabe der Raumplanung, in:
    Schriftenreihe zur Orts-, Regional- und Landesplanung,
    Nr. 28, Zürich 1977

ISARD W., REINER Th.R.: Regionalforschung: Rückschau und Aus-
    blick, in: BARTELS D., 1970

ISENBERG G.: Probleme der Landesplanung in den wirtschaftlichen
    Ballungsgebieten, Bonn 1957

JACSMAN J.: Zur Planung von stadtnahen Erholungswäldern, Zürich
    1971

JACSMAN J.: SCHILTER R.CH.: Zur Bewertung der Erholungseignung
    der Landschaft, in: Informationen zur Orts-, Regional- und
    Landesplanung, DISP Nr. 42, 1976

JACSMAN J.: Das Angebot an Naherholungsflächen, Verfahren und
    Ergebnisse einer Grobschätzung, in: Informationen zur
    Orts-, Regional- und Landesplanung, DISP Nr. 45, 1977

JUERGENSEN H.: Entwicklung der Stadt Zürich, Bd. 3, Analysen,
    Trends, Prognosen, Zürich 1973

KEMPER F.-J.: Probleme der Geographie der Freizeit, in: Bon-
    ner Geographische Abhandlungen, Heft 59, 1978

KERSTIENS-KOEBERLE E.: Raummuster und Reichweiten der freizeit-
    orientierten Infrastruktur, ein Beitrag zur Geographie
    des Freizeitverhaltens, in: Geographische Rundschau, Heft
    1, 1975

KIEMSTEDT H.: Zur Bewertung der Landschaft für die Erholung,
    in: Beiträge zur Landespflege, Sonderheft 1, 1967

KIEMSTEDT H.: Die Landschaftsbewertung als wichtiger Bestand-
teil der Erholungsplanung, in: Der Landkreis, Heft 8/9,
1969

KIEMSTEDT H.: Erfahrungen und Tendenzen in der Landschaftsbewertung, in: Veröffentlichungen der Akademie für Raumforschung und Landesplanung, Bd. 76, 1972

KIEMSTEDT H.: Die Landschaftsbewertung für Erholung im Sauer-
land - zur Weiterentwicklung eines raumplanerischen Ent-
scheidungsinstrumentes, in: Veröffentlichungen der Akademie für Raumforschung und Landesplanung, Forschungs- und
Sitzungsberichte, Bd. 104, 1975

KIESLICH G.: Freizeitgestaltung in einer Industriestadt, Münster 1956

KILCHENMANN A.: Prototyp eines faktoranalytischen Landschafts-
bewertungsmodells basierend auf quantitativen und quali-
tativen regionalen Merkmalen, in: Karlsruher Manuskripte
zur Mathematischen und Theoretischen Wirtschafts- und
Sozialgeographie, Heft 27, 1978

KIRCHEN E.: Die Einheitsflächenmethode, Zürich 1949

KLOEPPER R.: Zur Landschaftsbewertung für die Erholung, in:
Veröffentlichungen der Akademie für Raumforschung und
Landesplanung, Forschungs- und Sitzungsberichte, Bd. 76,
Raum und Fremdenverkehr 3, 1972

KNOEPFEL P.: Demokratisierung der Raumplanung, grundsätzliche
Aspekte und Modell für die Organisation der kommunalen
Nutzungsplanung unter besonderer Berücksichtigung der
schweizerischen Verhältnisse, Berlin 1977

KREBS E.: Schutz der Landschaft als nationale Aufgabe, in:
Neue Zürcher Zeitung vom 13.1.1978

KRIPPENDORF J.: Die Landschaftsfresser, Tourismus und Erholungslandschaft - Verderben oder Segen?, Bern - Stuttgart
1975

KRYMANSKI R.: Die Nützlichkeit der Landschaft, Düsseldorf 1971

KUEHN E.: Anmerkungen zum Verhalten des Grossstädters, in:
Neue Anthropologie, Bd. 3, Sozialanthropologie, Stuttgart 1972

LAVERY P.: Recreational Geography, Newton Abbot 1971

LEHMANN H.: Die Physiognomie der Landschaft, in: Studium Gene-
rale, Heft 4/5, 1950

LOEWENTHAL D.: Environmental Perception and Behavior, in:
University of Chigago, Departement of Geography, Research
Paper, No. 109, 1967

LUTZ B.: Freizeit und Musse als Problem der Zukunft, Beitrag
zu einer Analyse der Perspektiven wachsender Freizeit
in hochindustrialisierten Gesellschaften, in: Der Landkreis, Heft 8/9, 1969

MAIER J.: Zur Bewertung des landschaftlichen Erholungspotentials aus der Sicht der Wirtschafts- und Sozialgeographie,
in: Veröffentlichungen der Akademie für Raumforschung und
Landesplanung, Forschungs- und Sitzungsberichte, Bd. 76,
Raum und Fremdenverkehr 3, 1972

MAIER J.: Zur Vorausschätzung von Freizeit und Erholung, Methoden und ihre Probleme, in: Raumforschung und Raumordnung,
Heft 5, 1974

MAIER J., PAESLER R., RUPPERT K., SCHAFFER F.: Sozialgeographie,
Braunschweig 1977

MC NEE R.B.: Der Wandel der Beziehungen zwischen Wirtschaftswissenschaft und Wirtschaftsgeographie, in: BARTELS D.,
1970

MEYER M.: Möglichkeiten der Nutzwertanalyse bei der Landschaftsbewertung, in: ARBEITSGRUPPE LANDSCHAFTSSCHUTZ (SCHUBERT
B. u.a.), 1978

MOEWES W.: Integrierende geographische Betrachtungsweise und
Angewandte Geographie, in: Geoforum, Heft 7, 1971

MOELLER H.-G.: Sozialgeographische Untersuchungen zum Frei-
zeitverkehr auf der Insel Fehmarn, in: Jahrbuch der Geographischen Gesellschaft Hannover, 1977

MOSIMANN U.: Die Bewertung von Erholungslandschaften, eine ver-
gleichende Betrachtung, angewendet im Raume Einsiedeln,
Diplomarbeit Geographisches Institut der Universität
Zürich (Manuskript), Zürich 1976

MUELLER G.: Freizeitprobleme in der Raumordnung, in: Der Landkreis, Heft 8/9, 1969

MULZER E.: Grünflächen und Naherholungsgebiete im Ballungsraum
Nürnberg-Fürth-Erlangen, in: Mitteilungen der Fränkischen
Geographischen Gesellschaft, Bd. 18, 1971

NIEMEIER H.-G.: Daseinsvorsorge, in: Handwörterbuch der Raumforschung und Raumordnung, Akademie für Raumforschung und
Landesplanung, 1970

OLSCHOWY G.: Landschaft - Erholung - Freizeit, in: Der Landkreis, Heft 8/9, 1969

ORT W.: Der Raum Hallwilersee als Erholungslandschaft, Diplomarbeit Geographisches Institut der Universität Zürich
(Manuskript), Zürich 1976

PARTZSCH D.: Daseinsgrundfunktionen, in: Handwörterbuch für
Raumforschung und Raumordnung, Akademie für Raumforschung und Landesplanung, 1970 (a)

PARTZSCH D.: Welchen Beitrag erwarten Raumordnungspolitik und
Raumplanung von der Geographischen Wissenschaft?, in:
Aktuelle Probleme geographischer Forschung, Abhandlungen
des 1. Geographischen Institutes der Freien Universität
Berlin, Berlin 1970 (b)

POSER H.: Geographische Studien über den Fremdenverkehr im
Riesengebirge, Göttingen 1939

REGIERUNGSRAT DES KANTONS ZUERICH: Gesamtwirtschaftliches Entwicklungskonzept für das Zürcher Berggebiet, Zürich 1972

REGIERUNGSRAT DES KANTONS ZUERICH: Lebensqualitäten im Kanton
Zürich, Zürich 1975

REGIERUNGSRAT DES KANTONS ZUERICH: Bericht zum kantonalen
Gesamtplan, Zürich 1977

RIEPER P.: Problemstellung und Erarbeitung des Gesamtberichtes
"Freizeit und Raumplanung", in: INSTITUT FUER ORTS-,
REGIONAL- UND LANDESPLANUNG, 1974

RUPPERT K., SCHAFFER F.: Zur Konzeption der Sozialgeographie,
in: Geographische Rundschau, Heft 6, 1969 (a)

RUPPERT K., MAIER J.: Geographie und Fremdenverkehr, Skizze
eines fremdenverkehrsgeographischen Konzeptes, in: Veröffentlichungen der Akademie für Raumforschung und Landesplanung, wissenschaftliche Aspekte des Fremdenverkehrs,
Raum und Fremdenverkehr 1, 1969 (b)

RUPPERT K., MAIER J.: Zum Standort der Fremdenverkehrsgeographie,
Versuch eines Konzeptes, in: Zur Geographie des Freizeitverhaltens, Münchner Studien zur Sozial- und Wirtschaftsgeographie, Bd. 6, 1970 (a)

RUPPERT K., MAIER J.: Naherholungsraum und Naherholungsverkehr -
geographische Aspekte eines speziellen Freizeitverhaltens,
in: Zur Geographie des Freizeitverhaltens, Münchner Studien
zur Sozial- und Wirtschaftsgeographie, Bd. 6, 1970 (b)

RUPPERT K.: Raumrelevante Wirkungen der Erholungsfunktion, in:
Deutscher Geographentag Kiel 1969, Tagungsberichte und
wissenschaftliche Abhandlungen, Wiesbaden 1970 (c)

RUPPERT K.: Flächenbedarf der Freizeitgesellschaft, in: Schriftenreihe für ländliche Sozialfragen, Heft 61, 1971 (a)

RUPPERT K.: Naherholung in der urbanisierten Gesellschaft, in:
WGI-Berichte zur Regionalforschung, Heft 6, 1971 (b)

RUPPERT K.: Das Freizeitverhalten als Grunddaseinsfunktion, in:
WGI-Berichte zur Regionalforschung, Heft 6, 1971 (c)

RUPPERT K.: Zur Stellung und Gliederung einer Allgemeinen Geographie des Freizeitverhaltens, in: Geographische Rundschau, Heft 1, 1975

SCAMONI A., HOFFMANN G.: Verfahren zur Darstellung des Erholungswertes von Waldgebieten, in: Archiv für Forstwesen, Heft 3, 1969

SCHAFFER F.: Zur Konzeption der Sozialgeographie, in: BARTELS D., 1970

SCHEMEL H.-J.: Erholung im Nahbereich städtischer Verdichtung, in: Schriften des Deutschen Instituts für Urbanistik, Bd. 49, Stuttgart 1974

SCHEUCH E.K.: Soziologie der Freizeit, in: Handbuch der empirischen Sozialforschung, Bd. II, Stuttgart 1969, zit. in: SCHNELL P., 1977

SCHILLING H. VON: Ein Modell zur Schätzung des gegenwärtigen und zukünftigen Bedarfs an Naherholungsräumen, in: Informationen, Heft 5, 1972

SCHILTER R.CH.: Bewertung des Erlebnispotentials ausgewählter Landschaften, in: Informationen zur Orts-, Regional- und Landesplanung, DISP Nr. 43, Zürich 1976

SCHNELL P.: Naherholungsraum und Naherholungsverhalten, untersucht am Beispiel der Solitärstadt Münster, in: Spieker, Landeskundliche Beiträge und Berichte, Heft 25, Bd. I, 1977

SCHOENEICH R.: Untersuchungen zur Bewertung der Erholungsmöglichkeiten in der Schweriner Seenlandschaft, in: Geographische Berichte, Heft 3/4, 1972

SCHOTTMAYER G.: Pädagogische Grundlagenstudie zur Gewinnung raumrelevanter Aussagen für den Bereich Freizeit, in: INSTITUT FUER ORTS-, REGIONAL- UND LANDESPLANUNG, 1974

SCHWARZ H.-P.: Erholung am Zürichseeufer, Diplomarbeit Geographisches Institut der Universität Zürich (Manuskript), Zürich 1975

SCHWEIZERISCHER FREMDENVERKEHRSVERBAND: Naherholung - Wachstum ohne Ende?, Informationsbulletin Nr. 4, 1975

SMITH D.M.: Human Geography - a welfare approach, London 1978

STINGELIN A.: Der ländliche Raum als Planungseinheit, in: Der ländliche Raum - eine Aufgabe der Raumplanung, Schriftenreihe zur Orts-, Regional- und Landesplanung, Nr. 28, 1977

THOMALE E.: Sozialgeographie - eine disziplingeschichtliche Untersuchung zur Entwicklung der Anthropogeographie, in: Marburger Geographische Schriften, Marburg - Lahn 1972

TROESCHER T.: Einsicht und Planung für unseren Lebensraum, in: Schriftenreihe für ländliche Sozialfragen, Heft 61, 1971

TUCEY M., WHITE R.: Geographical Studies of Environmental Perception, Northwestern University, Departement of Geography, Research Report No. 61, Evanston 1971

TUROWSKI G.: Bewertung und Auswahl von Freizeitregionen, in: Schriftenreihe des Institutes für Städtebau und Landesplanung Karlsruhe, Heft 3, 1972

VOLKART H.R.: Determinanten der Freizeitgestaltung, Semesterarbeit Volkskundliches Seminar der Universität Zürich (Manuskript), Zürich 1974

VOLKART H.R.: Das Angebot für die Freiraumerholung im Grünen im Nahbereich der Stadt Zürich, Diplomarbeit Geographisches Institut der Universität Zürich (Manuskript), Zürich 1975

WEBER E.: Das Freizeitproblem, anthropologisch-pädagogische Untersuchung, Basel 1963

WEHNER W.: Zur Bestimmung von Eignungsräumen für die Naherholung, in: Geographische Berichte, Heft 3/4, 1972

WINKLER E. u.a.: Teilleitbild Landschaftsschutz, in: Schriftenreihe zur Orts-, Regional- und Landesplanung, Nr. 18, 1974

WOLF R.: Verschiedene Verfahren zur Beurteilung der Erholungseignung von Landschaften und ihre Bedeutung für die Orts-, Regional- und Landesplanung, in: Stuttgarter Geographische Studien, Bd. 90, 1976

WOTTRENG ST.: Zürich: Das Erholungsangebot der Freihaltezone, Diplomarbeit Geographisches Institut der Universität Zürich (Manuskript), Zürich 1974

ZEH W.: Zur Bewertung von Erholungseinrichtungen, in: Schriftenreihe des Harzer Verkehrsverbandes, Heft 7, 1972

LEBENSLAUF

von Hans-Rudolf Volkart, geboren am 21. Dezember 1947 in
Zürich, Bürger von Zürich.

Nach dem Besuch der Primar- und Sekundarschule in Zürich trat
ich 1964 in das Lehrerseminar Zürich-Unterstrass ein, wo ich
1968 mit der kantonalen Matura und 1969 mit dem Primarlehrer-
patent abschloss.

Es folgten anschliesend zwei Jahre Praxis auf der Primar-,
Real- und Sekundarschulstufe.

Im Herbst 1971 begann ich mit dem Studium an der Philosophischen Fakultät II der Universität Zürich und erwarb im Februar
1976 das Diplom als Naturwissenschafter mit Hauptfach Geographie.

Von April 1973 bis April 1978 war ich als Assistent am Geographischen Institut beschäftigt, wo ich zunächst die Studenten-
beratung betreute und hernach bei der Gestaltung und Durchführung der wirtschaftsgeographischen Uebungen mitwirkte.
Seit Herbst 1976 arbeitete ich daneben unter Leitung von Herrn
Professor Dr. Hans Boesch und Herrn Professor Dr. Hans Elsasser
an meiner Dissertation.

Während meiner Studienzeit besuchte ich bei folgenden Dozen-
ten Vorlesungen und Uebungen:

Geographie	Bachmann, Boesch, Bögli, Egli Elsasser, Fitze, Furrer, Gensler, Gutermann, Guyan, Haefner, Itten, Kishimoto, Schmid, Schüepp, Steffen
Volkskunde:	Gschwend, Niederer, Scharfe, Zihler
Geologie:	Gansser, Jäckli, Milnes, Trümpy
Anthropologie:	Biegert, Hunsberger, Kubik, Scheffrahn
Mathematik:	Batschelet
Wirtschaftswissenschaft:	Siegenthaler
Höheres Lehramt:	Inhelder, Widmer, Woodtli